快准狠
提升你的 IQ
THE IQ ANSWER
最新最奇的家庭潜能开发手册

〔美〕弗兰克·劳利斯博士 著
周 鹰 曾筱岚 译

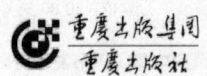
重庆出版集团
重庆出版社

The IQ Answer: Maximizing Your Child's Potential by Dr. Frank Lawlis
Copyright © 2006 by Frank Lawlis
Published by arrangement with Viking Penguin, a member of Penguin Group (USA) Inc.
through Bardon-Chinese Media Agency
Simplified Chinese translation copyright © 2008 by Chongqing Publishing Group
All rights reserved.

No part of this book may be used or reproduced in any manner whatever without written permission except in the case of brief quotations embodied in critical articles or reviews.

本书中文简体字版通过 Grand China Publishing House（中资出版社）授权重庆出版社在中国大陆地区出版并独家发行。未经出版者书面许可，不得以任何方式抄袭、节录或翻印本书的任何部分。

版权所有　侵权必究

版贸核渝字 (2008) 第 50 号
图书在版编目 (CIP) 数据
快准狠提升你的 IQ/〔美〕劳利斯著；周鹰，曾筱岚译．—重庆：重庆出版社，2008.10
书名原文：THE IQ ANSWER
ISBN 978-7-5366-9809-3
Ⅰ．快… Ⅱ．①劳…②周…③曾… Ⅲ．智力开发－研究 Ⅳ．B848.5
中国版本图书馆 CIP 数据核字 (2008) 第 079634 号

快准狠提升你的 IQ
KUAIZHUNHEN TISHENG NI DE IQ

〔美〕弗兰克·劳利斯博士　著
周　鹰　曾筱岚　译

出　版　人：罗小卫　　　　　策　　划：中资海派·广东宏图华章
执行策划：黄　河　桂　林　　责任编辑：温远才　朱远洋
责任校对：刘晓燕　　　　　　版式设计：袁青青
封面设计：李杜义

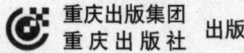
重庆出版集团
重庆出版社　出版

重庆长江二路 205 号　邮政编码：400016　http://www.cqph.com
深圳大公印刷有限公司制版印刷
重庆出版集团图书发行有限公司发行
E-MAIL: fxchu@cqph.com　邮购电话：023-68809452
全国新华书店经销

开本：787×1092mm　1/16　印张：17.5　字数：255 千
2008 年 10 月第 1 版　2008 年 10 月第 1 次印刷
定价：29.80 元

如有印装质量问题，请向本集团图书发行有限公司调换：023-68706683

亚马逊读者五星级评论

《快准狠提升你的IQ》提供了许多提高认知潜力和表现的方法，非常有意思。作者以一种随意的对话体风格告诉读者我们的大脑是易变的，还向读者提供了如何改变或提高思考模式、创造性和学习潜力的建议。这的确是一本很有趣的书，值得一读。

——大卫·帕玛（David Palmer）博士
《IQ测试家长指南》（Parents' Guide to IQ Testing）作者

本书之所以如此畅销，毫无疑问是因为本书作者是热门节目"菲尔博士秀"的主要顾问。但本书的成功不仅如此，本书旨在向读者传达如何改善那些备受学习缺陷障碍和学习成绩不佳折磨的孩子的整体大脑功能。为此，本书探索了多个有趣的领域：环境毒素的负面影响、沉思和呼吸练习、睡眠、通过锻炼加强身心等。另外，本书还辅以案例进行分析。

——书评人

在《快准狠提升你的IQ》中，作者提出了各种各样的方法以提高人们大脑的运作效率，如桑拿浴、体育锻炼、信息暗示、高纤维食谱、毒素排除法、抗氧化药剂（维生素A、C、E及硒元素）等。通读此书，读者能够学会应如何提出问题、分析问题、解决问题及掌握判断问题重要性的方法与技巧。本书还提出了一些挑战传统观念的新概念。

——约瑟夫·马雷斯卡

本书既简明又容易理解！劳利斯博士以最基本的理论阐述大脑的运作原理，并告诉所有人：无论是儿童还是中老年人，潜力是无限的。

——莫里斯

书中所有的信息都经过时间考验，内容清晰，非常重要。读者必将受益匪浅，所有关于智力的疑难都将得到解答。这本书绝非徒有虚名。

——芭芭拉

我认为这本书的方法都很实用，能提高孩子的心理健康，对成年人的心智也很有用。像寻找真理或生命意义的人读这本书时一定会感到茅塞顿开。

——埃德加·吉泽斯

本书是帮助孩子出类拔萃的实用工具书（我自己就读这本书来教导我的孙子孙女，因为他们常常来我这里），简单易读，而且非常实用。这本书将成为我的家庭中的常用书。

——克莱因

作为一名专业的心理治疗师，我很急切地想将这本《快准狠提升你的IQ》推荐给我的顾客和朋友。劳利斯博士以最平实易懂的笔触探求了人类大脑的功能和运作，使整本书显得精彩异常、妙趣横生。他的方法简单明了，非常实用。看过本书后，我总是对每一位家长提起它，并告诉他们，是时候"点亮"孩子们的大脑了。衷心感谢劳利斯博士！

——曼格尔

《快准狠提升你的IQ》通过一种有趣的视角对提高人类认知潜力和思维绩效的方法进行了透视。全书的写作灵活机动，形成了鼓励争议的良好氛围。作者认为，人类的大脑具有很强的可塑性，通过采用适当的方法就能够实现思维模式、创造能力及学习潜力等多方面的改进和提高。

——迈克·巴克

《快准狠提升你的IQ》从大脑、生理和心理三方面帮助读者提高智商和情商。劳利斯博士首创的以家庭为核心的项目有助于学生突破学习瓶颈、增加自信。《快准狠提升你的IQ》无疑将成为所有家长的实用宝典。

——乔吉

权威媒体推荐

《出版商周刊》(Publishers Weekly)

"人类在生理上会受到诸多的限制，但在心理上却能超越极限，实现自己不敢想象的愿望。"这样的观点着实令人振奋不已。《快准狠提升你的IQ》正是以这一观点为基础，详细探索了激发人类思维活力的诸多技巧，提出了许多值得思考与借鉴的思维理念，启发性、震撼力极强。尽管书中的有些观点依赖现实事例多于依照科学根据，但并不妨碍读者对整本书内容的学习和运用。

全书引用了大量现有的研究结果，而其中一些颇有争议的理论，如"大脑螯合排毒法""情绪营养战略"等则通过恰当的事实予以了巧妙的阐释。此外，《快准狠提升你的IQ》还参考了美国著名健康专家菲尔博士的方法，加以精当的评判及对比，形成了颇具颠覆性和创造性的方法体系，定能给读者带来耳目一新的感觉。

初看"快准狠提升你的IQ"这个题目，读者往往会认为它是一本写给父母看的育儿类图书，其实不尽然。本书旨在帮助所有有心的读者切实提高自身、实现自我发展，其目标读者群清晰而明确。

读者感谢信

劳利斯博士：

感谢您去年在洛杉矶和贾斯汀(Justin)共度的短暂日子里教给他的方法，他这个星期已经拿到成绩单了，每门功课都得了"A"（音乐除外，这个孩子不会唱歌，但理论部分很棒）。他比以前快乐了许多，正期待着中学最后一年的到来。

贾斯汀正在和我们商讨要争取在当地一所高校攻读学士课程。如果成功学完这些课程，就可以拿到大学学分，但英语、数学、自然科学及其他所有选修科目的平均分要达到85分以上。

他的改变如此之大，简直让人难以置信。这主要是因为他运用了您教给他的方法，而且这一切都进展得相当顺利，这增强了他的自信心。他是今年班上进步最大的学生，并受邀帮助他现在的老师准备今年10月的杰出孩子会议的发言稿。一年以来，他身上发生的变化简直不可思议。现在的他与以前几乎每天早上都要我说服他去上学的情况相比，简直是天壤之别。

再次感谢您！请向菲尔博士转达我的谢意，如果不是他和他的节目，我们可能永远没有这样的机会。

您真诚的露西·托马斯(Lucie Thomas)
2008年初

作者简介

弗兰克·劳利斯博士

弗兰克·劳利斯博士的资历

风靡全美的"菲尔博士秀"节目的首席顾问

菲尔博士咨询委员会(Dr. Phil Advisory Board)主席

菲尔博士创建的商务通讯书刊《下一级》(*The Next Level*)首席编辑

注意力缺失症(ADD)及注意力缺陷多动症(ADHD)领域内的资深权威

美国心理协会(the American Psychological Association, APA)特别会员

天使基金神经重塑研究会(The Angel Foundation Research Institute for Neuroplasticity)主席

劳利斯&皮威心理改变中心(Lawlis and Peavey Centers for Psychological Change)的共同创办人

获得咨询心理学及临床心理学双学位

"菲尔博士秀"主持人菲尔·麦格劳(Phil McGraw)的博导

弗兰克·劳利斯博士的研究成果

4 本教材

《意象与疾病》(*Imagery and Disease*)

《身心的桥梁》(*Bridges of the Bodymind*)

《超个人心理学药物》(*Transpersonal Medicine*)

《莫斯比药物选择大全》(*Mosby Textbook on Alternative Medicine*)

2 本国际畅销书

《注意力缺失症解答》(*The ADD Answer*)

《快准狠提升你的IQ》(*The IQ Answer*)

弗兰克·劳利斯博士的教育背景

1967～1968 年，纽约医药中心 (New York Medical Center)

1973～1975 年，得克萨斯医疗技术学院 (Texas Tech Medical School)

1975～1976 年，得克萨斯健康科学中心圣安东尼奥市分部 (Universities of Texas Health Center at San Antonio)

1979～1989 年，得克萨斯健康科学中心达拉斯 (Dallas) 分部

1991～1993 年，斯坦福医学院 (Stanford Medical School)

40 年来，弗兰克·劳利斯博士一直致力于帮助父母最大化地发挥孩子的潜力。作为"菲尔博士秀"脱口秀节目的首席顾问，劳利斯为数以千计的父母和孩子提供过指导和咨询。

自 1968 年以来，弗兰克·劳利斯就专注于从临床及理论两个方面来研究身体与心理的关系。劳利斯博士早期工作的重点是研究职业环境下的各种激励因素，当前则集中于问题的分析与评估，例如管理风格、身心健康、压力管理计划、人力资源的有效配置等。同时，劳利斯博士还与日本、德国、阿根廷等国的跨国企业进行合作，共同致力于开发有效及高效的职业管理政策与计划。

菲尔博士秀
Dr. Phil Show

风靡全美的访谈类节目
资深权威菲尔·麦格劳博士主持

主持人菲尔·麦格劳博士的背景

★ 著名心理咨询专家
★ 美国脱口秀名嘴欧普拉·温芙瑞 (Oprah Winfrey) 的嫡传弟子
★ 2007年荣获美国日间埃米金像奖 (Daytime Emmy Award) "脱口秀杰出主持人"提名
★ 2007年荣获年度美国格莱美 (Grammy) 金奖

在"菲尔博士秀"这档美国超人气的访谈节目中,菲尔·麦格劳博士充分运用了自己作为心理医生的经验优势,为观众提供生活、学习及工作等方面的各种建议。

"菲尔博士秀"在美国、加拿大等多个国家和地区同时播出并实行统一管理。有合同规定,如果"菲尔博士秀"与欧普拉脱口秀不在同一电台,二者就不能在同一时段播出。

推荐序 I

谢晓桦
首都儿科研究所副研究员

大众化的智力开发教材

几乎所有的父母都希望自己的孩子健康、聪明、快乐、成就未来。然而如果育儿方法不得当，就会事与愿违。社会上形形色色的"育儿学""育儿经"让家长眼花缭乱，无从选择，这也正是家长所苦恼和急于寻求"灵丹妙药"的缘由。家长需要的是获得系统化、科学化、适用性强的育儿方法。

由周鹰、曾筱岚两人翻译的《快准狠提升你的IQ》一书，是一本集学术与通俗于一体的科普著作。我翻阅了这本书的译稿后，被其内容的新颖性、科学性和实用性所吸引。这本书既是一本具有较高学术水平的学术论著，又是一本通俗易懂的科普读本；既为从事心理学、教育学、营养学等学界的学者提供了崭新的具有科学价值的学术研究结果，又为广大相关领域的爱好者，特别是孩子的家长提供了具有科学性、指导性和实用性的教材。此书内容生动、形式活泼多样、可读性强，是一部难得的好书。

该书的作者弗兰克·劳利斯凭借通过近40年来的临床实践及理论研究相结合，在身体与心理关系研究方面取得的成果，以及长期致力于帮助父母最大化地发挥孩子的潜力所积累的丰富经验，在该书中列举了大量实例和科学依据，从营养学、环境学、生理学、心理学等学科领域，用独特的视角向人们展示了激发人类大脑活力、开发大脑潜能的技巧和秘诀。这不仅将为儿童家长提供了实用的心智开发育儿宝典，而且为成年人挖掘大脑潜质提供了简便易行的训练方法。

衷心希望这本书为广大读者、儿童的家长带来收益，为儿童的健康成长、成为国家的栋梁之材提供有益的帮助。

2008 年 9 月 16 日于北京

推荐序 II

虹 霖
中国心理网推荐在线心理咨询师
《虹霖心理工作室》高级咨询师
汶川特大地震远程心理援助辅导师

解决生存和心灵问题的金钥匙

如果你只接受最好的，你就会经常得到最好的。

初闻《快准狠提升你的IQ》这个书名，我感觉耳目一新，未见其庐山真面目就感受到了知识推动的力量。本书的作者是著名的心理学家弗兰克·劳利斯博士，他以"你的身体有生理限制，但你的大脑可以大大超越你想象中可能的极限"这一令人振奋的观点，辅以实例为基础，运用实用的行为认知理论、生物反馈原理，激发人的大脑思维，提高注意力，开发创造力；从大脑、生理和心理三方面帮助读者提高智商和情商，激发潜能。

对于日常生活中的问题，从小的纷扰（如约会迟到）到大的挑战（如失业）等各类问题，《快准狠提升你的IQ》都可以帮助你解决；对儿童和青少年的注意力不集中，成人大脑的开发和提升记忆力也有很好的帮助。

这本书还告诉你，环境毒素的负面影响、怎样进行大脑排毒、呼吸的练习、大脑营养建议、睡眠功能的恢复等。当你健忘、注意力不集中时；焦虑和情绪不稳定时；失眠和超重时；心理遭受创伤、恐惧和重大灾难陷入困境时，都可以用一种神奇的呼吸方法来解决。

《快准狠提升你的IQ》可以教会你多种呼吸技巧，运用其中的原理来解决这些问题。本书在剖析我们习以为常的不健康心理的同时，引导我们挖掘自我潜能，唤醒大脑，释放出内在天赋，让你也能创造"不可能"。你将学会辨认那些使你心烦意乱的思维模式，并学会对潜在的紧张情绪作出有利的反应，从而影响你改变自己的某些思维和信条，借此修正自己的某些行为。这样，你会感觉生活更轻松更快乐。本书让你找到解决自己生存和心灵问题的金钥匙。它的确很适合用作一种自助工具，去处理日常生活中的压力、心理和生理的问题。

作为一名心理咨询师，需要阅览大量的有关心理发展和治疗等各流派的书刊，结合每天接触的一些心理有异常表现的案例，在实际工作中加以分析和治疗。患有精神不振、反应迟钝、失眠多梦、注意力不集中、记忆力减退、烦躁、焦虑、抑郁、恐惧、人际关系问题、精神活性物质滥用、饮食障碍、性功能障碍、创伤后应激障碍和社交恐惧等心理疾病的患者在心理医生帮助的同时，更需要他们自己通过学习《快准狠提升你的IQ》这类图书，来对自身的心理、大脑发展和生理状况有一个基本的了解，再协助治疗，效果会更好。

我非常有幸能先拜读《快准狠提升你的IQ》这本对心理和大脑有着很大影响的图书，它让我的心灵得到洗涤，大脑得以保持高度清醒，从而使我能以健康敏捷的思维接待我的每一位来访者。

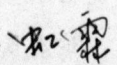

献给我的孩子T·弗兰克、露西和埃丽卡，感谢他们一直以来给我的爱和勇气，感谢他们在这个世界上陪伴我并让我感受到极大幸福。

不论是从单个还是整体来说，他们每个人都是我存在的一个重要的理由。

目 录

亚马逊读者五星级评论 / III
权威媒体推荐 / VI
读者感谢信 / VII
作者简介 / VIII
菲尔博士秀 / X
推荐序 I / XI
推荐序 II / XIII
前 言 / 1

第 1 章　你完全可以改变自己

心理创伤者的福音 / 11
评估你的心理素质 / 15
你是独一无二的 / 17
挖掘自我潜能的科学依据 / 18
如何释放你的内在天赋 / 22
你也能创造"不可能" / 23

神奇的呼吸方法　第2章

28 / 你会呼吸吗
31 / 5种神奇的呼吸方法

大脑排毒　第3章

43 / 大脑的毒性
45 / 你的大脑受到污染了吗
49 / 身体毒素的清道夫
50 / 激活体内的自然清洁酶
52 / 神经治疗补充剂
54 / 洗脑的天然方法

健脑食物　第4章

62 / 让大脑饥饿一点
65 / 7种健脑魔力食品
69 / 吃出好记性
73 / 吃出好心情
75 / 改善心情的食物

唤醒大脑　第5章

85 / BAUD电子鼓的启示
87 / 莫扎特效应
89 / 体育运动
91 / 聪明人喜欢的游戏
92 / 咀嚼可以提高智力

如何提高睡眠质量　第6章

98 / 评估你的睡眠质量

恢复健康的睡眠模式 / 99
大脑放空，平静入睡 / 105

第 7 章　天才的六面

多面人格 / 114
评估你的人格模式 / 116
如何利用你的优势人格 / 120

第 8 章　如何释放你的压力

危险的压力 / 132
测测你受到压力威胁了吗 / 134
安宁的两个基本方面 / 136
逃避恐惧的把戏 / 139
获得安宁的自我训练法 / 142

第 9 章　提高你的情绪智能

成为自己的船长 / 153
你的思维方式正确吗 / 155
正确思维的黄金标准 / 158
正确思维练习 / 163

第 10 章　人际交往的魔力

解密人际交往的力量 / 174
警惕在培养能力过程中的陷阱 / 179
调整竞争心态 / 182
领导社会力量的技巧 / 184
打造支持你的团队 / 188

创造力无极限　第 11 章

195 / 创造过程中大脑的工作原理
202 / 创意无限，激情生活
203 / 激发创造力的步骤
210 / 集体创造的力量

让爱创造奇迹　第 12 章

217 / 爱情是创造力的发动机
219 / 爱是力量的源泉
222 / 爱情能量的来源
224 / 爱让大脑"燃烧"

潜力绽放在有爱之家　第 13 章

233 / 家庭第一
237 / 三步法创建不可战胜的家庭
239 / 重建受创的国家
241 / 创造力决定未来

244 / 打破智力的界限　后　记
248 / 有助睡眠的技巧　附　录
251 / 致　谢
253 / 译者的话

前　言

《注意力缺失症解答》一书的成功让我被淹没在信件的海洋里。这些信件来自患有注意力缺失症的孩子们的父母，以及那些深受由注意力缺失症所引起的注意力不集中等问题困扰的成年人，他们都在信中表达了他们的感谢和希望。令人高兴的是，还有很多人写信来询问一些关于其他问题的情况，例如沮丧和焦虑，尤其是关于是否有其他方法治疗强迫症的情况。更有趣的是，那些想在职业生涯中走向成功的行政管理人员、在资格考试中失败、渴望通过考试跨入更高行列的法律专业学生，以及对成功满怀希望的医疗工作者们都对此表现出了巨大的兴趣。而本书研究的正是这些未曾引起人们普遍关注的领域。

书中有着超乎你想象的关于发掘大脑巨大潜能的答案。我们当中许多人都听过这么一句老话：你只能使用大脑10%的部分。这是不正确的。事实上，你有能力通过本书介绍的方法和训练使你的大脑利用率达到90%以上。这个过程叫神经重塑(neuroplasticity)，这个定义是依据你大脑的能力来确定的，具体是指你的大脑根据你所遇到的大部分需求来塑造自身的能力。这个过程并不是瞬间就能发生的，但它确实以惊人的速度发生着。

我曾经目睹过因严重中风而无法说话或无法走路的人重新获得了这种能力；我也曾见过像婴儿一般无助地蜷缩着昏迷过去的人获得了新生；我还见证过那些被诊断出患了无药可救的疾病的人通过这些基本的方法得到了痊愈。

不仅如此，这些方法也旨在帮助平凡人成为不平凡的人。为了抵制阿尔茨海默氏症 [Alzheimer's Disease，又称为老年性痴呆，患有这种病的人将经历一个极为漫长和痛苦的死亡过程，病魔将逐渐"蚕食"患者所有的记忆、认知和语言能力。该病在1906年被德国医生阿洛伊斯·阿尔茨海默 (Alois Alzheimer) 所发现，故以其名字命名。——译者注] 和帕金森氏症 (Parkinsonism，帕金森氏症是所有动作障碍症中最常见的之一，是由于脑中的一种神经传导物质——多巴胺的产量不足所引起的。它的主要症状包括静态性颤抖、僵硬、行动迟缓、走路困难等。——译者注) 的冲击，40家药物公司正投入巨资进行新的大脑能力提升研究。这些药含有潜在的功效，可以让我们进一步增强自己的能力，进入超级大脑一族。有一些药已在临床试用中，根据反馈回来的信息已经得到了很好的疗效。这提高了人们对拥有"类固醇脑"(steroid brains，其中 steroid 中文译为类固醇，学名叫做肾上腺皮质素，正常人的肾上腺每天都会分泌一定量的类固醇来维持体内正常的生理运作，如调节血糖、蛋白质、脂肪及电解质的代谢，它是维持生命不可或缺的重要荷尔蒙。——译者注) 这种想法的关注。

我曾被诊断为智力和婴儿一样迟钝，在认知方面也有问题。但我们这些像阿甘 (Forrest Gumps，福里斯特·冈普斯，奥斯卡著名获奖电影《阿甘正传》中的主角，是一位智商低于普通人但拥有美好的心灵并最终经历了精彩人生的富有传奇色彩的小人物。——译者注) 一样的人会做出一些超越正常智能的事情。阿尔伯特·爱因斯坦、托马斯·爱迪生、比尔·盖茨……几个例子，任何人便都会同意这个观点。有谁能知道人脑或人的意志的极限在哪里？

我写这本书，是希望能为你提供获得更高智能的行动步骤，这就是我的目的。我可以用抽象的术语来叙述，但因为我曾是教练，所以我更愿意在句子中使用能够给出真实承诺的动词。我保证你在读完本书并找到适用于你的行动方案之后，你的智商至少可以提高 5～20 分。你可以在你想象得到的一切事情中获得成功，但你必须全身心地投入到你的计划中去。上帝把这个宝贵的财富赐予你，你可以成为比现在的你更伟大的人。要达到这个目标，你需要真诚地相信，敞开怀抱去迎接人生道路上的一切挑战。这本书并不是教你如何振奋你的精神，而是引导你进入更好的思维框架，以便让你更有前进的动力。因此，要让这本书对你有所帮助，你首先必须相信自己。

本书阐释了你的大脑、生理和心理是如何协调工作的，就像发动机有 3 个功能部件：燃料与空气的混合剂、电子打火器和活塞气阀——它们要一起发挥作用，否则发动机就发动不了。我可以向你展示如何让所有的零件都发挥作用，这样你就能用自己独特的方式来达到你的目标。

那么，如何才能发掘你的最大潜能并开始运用它呢？你需要资源、技能和方法去利用内在的力量。你也必须认识到，要运用这种全新的智慧需要耐心。这就是本书的目的：为你指明方向，确保你一定能够实现你的目标。这也是你人生道路的蓝图，这条道路通往上帝希望你取得的一切成功。

你的智商（IQ）

看一下脑部扫描图，这将帮助你了解有意识的呼吸所能带给你的能量。例如，只是通过某种形式的呼吸，大脑的某些部分因为能量的增加而开始兴奋，这意味着大脑活动的增加。在这里，注意力缺失症患者的大脑产生了明显的变化。在第 2 章中，我将列出一些步骤，并针对具体问题提出呼吸练习的建议。

在第3章中，我们将讨论环境中危及智力的毒素。如果没有清洁的发动机和新鲜的燃油，赛车是不可能达到最快速度的。人类的能力更是如此。如果你遭受到环境中许多毒素中的一种的毒害，你就需要给大脑排毒。本章提供了按部就班的排毒方案，让你的大脑恢复最佳活力。

第4章谈论的是你可以做出的让自己更聪明的具体生活方式的选择，营养、锻炼、睡眠方式，以及实现这些目标的日常计划。用发动机的比喻来说，大脑需要空气和食物组成的混合燃料，重要的是如何得到足够新鲜的空气，哪些食物能够给大脑提供营养，使其获得最大的能量。另外，我将介绍良好的睡眠方式是如何帮助你恢复良好的心理健康的。这里的睡眠并不是指在药物辅助下的睡眠，因为药物辅助睡眠的方式不能帮助大脑恢复完全的健康。

体力和脑力的锻炼会对大脑工作方式产生极大影响。特殊的锻炼与大脑的具体部位相对应，如小脑（控制平衡和注意力）及大脑的颞部（控制记忆）和额部（组织能力）。本章还会谈到具体的目标，如提高记忆力和减少焦虑等。

第5章描述了环境是如何对大脑产生消极影响的。了解这些毒素会对你很有益，因为它们会破坏你的生活，不过，你只须花一点时间或金钱就可以消灭它们了。

你的情商（EQ）

我们的情感能量通常会被噪音、烦恼和恐惧所带来的困惑耗尽。对情绪健康者来说，那些可以让我们达到平静和谐状态的步骤非常关键，而我们每个人都可以完成这些步骤。第6章将通过介绍这些步骤来指导你如何战胜破坏你情感天赋的担心、恐惧和焦虑。

所有伟大的发明家、作家、艺术家以及非常成功的实业家都承认，他们的灵感并不是来源于解决问题的技能，而是来自一个核心——创造力。这个核心出现在他们的无意识中，并通过他们的理解和语言来表述。千百年来，灵感已经被哲学家和巫师多次描述过，但即使对于那些已经有能力去获得这种强大力量的人来说，它也仍然是个谜。第7章通过讨论意象和象征符号的知识来描述这些技能，目的是为了能帮助你想出新的、更有效的办法解决工作与生活中的问题。

起初，我们用父母教我们的方法去思考。后来，在社会或者说广告的影响下，我们学会用让我们焦虑和沮丧的方式来处理信息。有多少人认为瘦骨嶙峋的人比曲线玲珑的人更有魅力？又有多少人可以问心无愧地度过每一天？这些自我毁灭的思维方式也把我们困在自我贬低的循环中，并最终消磨我们的内在天分。第8章将告诉读者，现在是解放自己的时候了，巨大的能量将会随着快乐的觉醒而涌现，这些回报正在等着你。因此，打开门，去迎接它们吧。

我们情绪的平和依赖于我们内在的思维模式。当内心发生冲突时，我们是自己最大的敌人。通过纠正错误的思维方式，你可以自由自在地实现你生命中远大的理想。在第9章中，我列出了获得理性、现实和积极思维方式的步骤和评估方式。如果能在实践中练习和加强，正确的思维方式所赐予你的情绪力量能帮助你成为你所想要成为的人。

许多励志图书只是告诉你如何改善自己的生活，那几乎是徒劳无功的。你在世上并非孤身一人，当然不能完全不受社会的影响。人最深层的需求之一就是与其他人的沟通，并获得他们的支持。这种社交需求也许会减弱你的力量，但也可能会为你提供培养更多自信的新途径。第10章会为你提供通过人际关系来增强自己力量的具体步骤。

你的创造力（CQ）

第 11 章将讨论创造力的具体细节，具有创造力的人的大脑为什么好像对来自周围环境的刺激更为敏感，而其他人的大脑却可能会拒绝同样的信息。具有创造力的人一直在关注这些源源不断地来自外部环境的额外信息，因此他们更易于接受事物的新的可能性。

这是一个已经被证明的事实：当你利用周围的心理能量时，重要的、强大的创造性处理过程就会涌现。这就是成功的领导者如何能让自己身边聚集着革新者的基本原因。不管是对家人还是同事，你都可以利用这点。第 12 章将会描述如何运用你的个人支持网络 (personal support network) 这个独特的资源来提升你自身的创造力和自信心。第 13 章会介绍这些思想更广泛的利用途径。

你的内在天赋

每个人身上都存在着一个巨大的智慧之源，它来自我们的祖先和经验。这些深刻的想法很难被理解，因为它们常常戴着面具出现在我们的梦境和直觉中。开启那些神通资源的方法非常简单，然而却可以让你收获颇丰。利用意象和象征符号的常识，我们可以了解这些深刻的思想，发现它们在洞察障碍和挑战方面如何得到有效应用。世界历史上伟大的领袖和发明家们也曾用过同样的方法。你在自己身上发现的智慧将使你具有洞察自己和别人的天赋，让你拥有更了不起的观点和更多的机会。

第 1 章

You Are Enough
你完全可以改变自己
THE IQ ANSWER

心智也许是你了解得最少却对你的生活有着最重要作用的一个方面，它不仅仅是身体的计算机或智力的中心，也是激情和喜悦之所在。显然，它既是自我意识的源泉，也是人类心灵的所在地。

　　我之所以写这本书，是想帮助你更好地了解你的心智，了解它的功能以及如何发挥出它的最大潜力。我保证：一旦你对这些事情有了更好的了解，你就能够以更高的智力水平工作，给自己的生活带来更多的机会和快乐。

　　你已经具备了在更高层次取得成就的一切条件，正如人们所说的那样：钻石就在你家后院，答案就在你的头脑里面。我所关心的问题是，由于大脑不能以最高的水平运转，所以很多人不能发挥出取得成功和实现自我价值所需的最大潜能。身体或心理的创伤正在以各种难以察觉而又非常有害的方式影响着你的大脑。我将为你提供一些信息，以确定你的大脑是否在发挥最大潜力。然后，我会给你一些"微调"这个不可思议的"引擎"（大脑）的方法，正是这个"引擎"驱动着智力、推理、自我意识和人最本质的东西。

　　也许很多人知道我是"菲尔博士秀"这个电视节目的首席顾问。作为这样一个角色，我非常投入，认真去分析每一位嘉宾以及他们在节目中所讲的故事。我将与你一起分享其中的一些故事和一些发生在幕后的事情，这些事件之所以没有播出，也许是因为时间或计划的原因，也许仅仅是因为它们发生在摄像机镜头之外。

　　其中一个有趣的故事是关于马克的。

　　　　马克35岁，是一家软件公司的总经理。11岁那年，马克在一次交通事故中受伤。一个醉酒的司机在以每小时70多英里的速度行驶时撞倒了一个停车标志，同时从侧面撞到一辆家用小轿车上，马克就在这辆小轿车里面。他妈妈当场死亡，他的左腿和髋关节被压伤了。

经过多次手术和痛苦的康复治疗后，马克最终可以恢复行动能力了。事实上，他在中学和大学里一直都是一个表现极佳的游泳运动员。马克之所以能取得那么好的体育成绩，是因为他具有惊人的自控能力和动力。他把这些优点也运用到学习中，却没有取得同样的效果。他的学习成绩一般，从中学到社区大学，每次考试都只能拿到 C 等的平均成绩。他学习很用功，希望自己的学习成绩和体育成绩一样优秀。虽然他一直都有这种学习动机，但他很难集中注意力，并且老是记不住东西。在 6 个学期中，竟然有 2 个学期历史和代数不及格。

中学阶段，马克只有 3 个要好的朋友，而他们都有相同的坏名声——可能的退学者。后来，他们确实都在 16 岁的时候退学了。要不是一直对体育抱有浓厚的兴趣，马克的命运也会和他们一样。在社区大学上学期间，他经常独来独往，但在精神方面，玛丽给了他很大的支持。后来，玛丽成了他的妻子。

在学习方面，玛丽也给了马克很大的帮助。她与马克选修了同一门计算机课程，就是为了帮他通过考试。为了辅导他，玛丽不知道度过了多少个不眠之夜。尽管如此，他在学习上还是举步维艰，并且他们的婚姻也失败了。离婚和力争大学毕业的压力最终迫使马克去向别人寻求帮助。他开始怀疑自己患有 ADHD (attention deficit hyperactivity disorder, 注意力缺陷多动症)。

我被他不同寻常的经历以及我在其他类似病例中目睹的那种可能出现的精神崩溃所震撼，我认为他的事例也许可以成为"菲尔博士秀"这个节目的一部分。马克并没有患注意力缺陷多动症，但他的大脑受过撞击，从而在行为上表现出了与注意力缺陷多动症类似的症状。别忘了，这是一个意志非常坚定的年轻运动员，他身体健康，内心坚强。他在 11 岁那年的车祸中受了重伤，但由于当时他年龄太小，又担心他患上药物依赖症，所以医生没有给他使用特别有效的止痛药。因此,马克用自己惊人的自控能力和决心来缓解疼痛,使大脑和身体感觉不到疼痛。他发现,他可以在心理上把自己分离开来,他可以把自己的心放到另外一个世界中去,从而让自己感觉不到疼痛。这的确是一项非凡的心理本领。后来,他又用同一种心理力量让自己成为了一个颇具竞争力的游泳选手。

> **权威链接**　如果女性在怀孕期间患有创伤后应激障碍症,通常其产下的婴儿就会像母亲一样,荷尔蒙可体松的浓度异乎寻常地低,这也许可以从某种程度上解释为什么这些孩子容易患上注意力缺失症。[摘自:《内分泌学》(*Endocrinology*),2005年7月]

具有讽刺意义的是,用心理控制来战胜疼痛的方法不仅是导致他在体育方面成功的原因,或许也正是他学习和情感障碍的根源。为了忍受车祸受伤带来的痛苦,马克已经学会让自己不去想任何会引起身体或情感不适的事情。他可以把那些事情丢在一边,然后把自己的注意力集中到其他事情上。不幸的是,这成了一种反射行为,因此,每当遇到心理或情感挑战时,他的心智就会自动分离。

他给我讲述了他失败的婚姻,我可以从中了解到他确实是那样的人。"我的心就是如此封闭,我不能告诉玛丽我怎么了。我知道我需要更坦诚一些,但一想到要跟她说她嫁给了一个失败者、一个绝望的失败者时,我就会感到身体上的疼痛。我干脆把自己想象成一个对任何事情都不在乎的人。于是,她放弃了我,但我并不怪她。"

马克的治疗首先从跳舞和武术开始,因为这些练习可以刺激他的大脑和创造力。他学会了特别的呼吸技巧和生物反馈放松法。我们给了他一些建议,以便让他学会如何摆脱自我欺骗的困境。他发现,伴随着身体疼痛而出现的恐惧与沮丧使他不能最大限度地利用自己的心智,因此,他学会了更健康的应对策略。

掌握了所有的呼吸技巧与放松方法后，马克觉得受益匪浅：注意力的集中度和记忆力大大提高，学习成绩也不断上升。最重要的是，他的"情感智商"迅速提高了——他恢复了自信心和乐观的生活态度。没过一年，他就大学毕业了，并成立了自己的软件公司，同时他和前妻玛丽破镜重圆。

安妮讲述了另外一个关于大脑潜力没有充分发挥出来的故事。

从8岁到11岁，安妮一直受到叔叔的性骚扰。虽然叔叔没有对她施暴，但他常常会用自己的身体在她身上擦来擦去，说她是一个多么坏的女孩，因为她总是让他兴奋。安妮那时还是个孩子，叔叔的话让她认为自己应该对叔叔的反常行为负责，她开始相信自己是个邪恶的女孩。可以想象，她后来的婚姻一再受挫。她结过几次婚，每次那些男人都以她自我意识差为由而抛弃她。之后，她发现自己和两个孩子只能靠社会福利度日。但是，也许是命运的眷顾吧，她遇见了一位心理学家，这位心理学家帮助她了解并解决了消极的自我意识和婚姻问题。

安妮的叔叔在情感和心理上阻碍了她的成长。通过治疗，她在情感上和心理上都成熟了起来，内心也充满了活力，她发现自己的智商很高。随着自信心和对未来的乐观态度的增强，安妮生平第一次充分发挥出了自己的大脑潜能。之后，她在一所法律学校上学，毕业后成为了一名优秀的律师，专门接手有关虐待女性的案子。

心理创伤者的福音

马克和安妮都拥有很高的智商和很强的意志力，在经历童年时期的创伤时，他们本能地重构大脑，以便能够应付身体上和精神上的痛苦。这个重构大脑的过程叫做神经重塑。它不仅仅是一种心理过程，实际上，它是发生在细胞层面上的，因此，它既是生理的也是神经的活动。可想而知，神经重塑会给经历这个过程的人带去各种各样的混乱。

这种重构会改变大脑各部分之间的链接，减少大脑所能接受的信息输入量，从而限制了我们能作出回应的选择范围。如果你曾经试过让你的电脑自己转换到"安全模式"，那么你就会知道这种重构是怎么回事了。在这种保护模式里，电脑仍然可以执行一些基本的功能，但是不能执行更高级的功能。

> **情系中国**
>
> 根据唐山地震的经验，灾难过后的幸存者、死伤者的家属、参与救援者患上心理创伤后应激障碍(PTSD)的几率高达23%。心理专家提醒，对幸存者、死难者亲属、参与救援者可进行心理危机干预。
>
> 调查发现，母孕期遭受过地震应激的胎儿，成人后其情绪状态、智力水平和脑结构，均较对照组有明显的异常变化。

当我们像马克和安妮那样经受创伤时，大脑就会发生类似的变化。大脑会切断与身体或精神疼痛的链接，会让他们感觉不到疼痛。但是，在这种心理的"安全模式"——一种"轻微"的昏迷状态里，他们也不会感到快乐、乐观，同时也不能最大限度地发挥智力。幸运的是，你可以让电脑退出安全模式，同样，你也有办法让你的大脑退出"安全模式"，只要你掌握必要的技能和专业知识。

北得克萨斯大学(University of North Texas)的艾丽西亚·汤森(Alicia Townsend)在完成了对那些童年时曾受到性骚扰的成年人的QEEG(quantitative electroencephalogram，定量脑电图分析)后，在她的博士论文中论证了这种现象。她发现，与一般没有受过创伤的普通大脑相比，这些人的大脑相干性（大脑神经传输）较差，大脑活动量普遍减少，α活动（放松与安慰）减少。此外，天然神经毒素可体松(cortisol，或称为皮质醇，是一种压力荷尔蒙，当一个人在受伤或有压力的情况下，肾上腺会分泌可体松来协助身体恢复正常功能。但是，这个荷尔蒙的效应却不仅如此，它也可以降低免疫系统的活性、促进短期的记忆力等。——译者注)的含量升高。这些发现证明：心理创伤会影响我们的生理活动以及我们的大脑在以后生活中的功能。

马克和安妮所经历过的这些心理创伤已经成为广泛研究的课题。从美国心理健康学会(National Institute of Mental Health)资助的最近一次调查中发现，大约一半的美国人在14岁以前至少经历过一次情感创伤，但很少会有人去寻求医学治疗。由此造成的最常见的失调就是沮丧、焦虑和恐惧症。

我有很多病人，他们的故事与马克和安妮的故事类似，而我的工作就是致力于了解身体和心理创伤造成的影响。我知道让那些遭受心理创伤的人康复的最有效的方法，这个方法分为3个最基本的步骤：

1. 重新启动智能；
2. 消除情感障碍；
3. 开发心智的真正潜能，激发创造力，创造新的机遇。

你是否想知道为什么那么多类似"领先"(Head Start)一样用意良好且具有宣传性的项目取得的成功那么有限？你是否想知道为什么心理治疗法的成功率最多只有50%，而戒毒康复项目的成功率也只有10%～15%？原因就在于这些项目没有着手去处理那些会限制大脑功能发挥的潜在环境或情感障碍。在开始理性学习之前，我们首先要进行一项"大脑训练计划"。通常，我们的大脑都没有发挥出全部的潜能。用汽车进行类比，你开着汽车爬山，但是6个汽缸中只有4个能起作用，不管你给这个被损害的发动机加多少油，它都不能发挥最大的马力。对于经受过某种创伤或重构的大脑来说，情况也是如此。

在得到足够的能量爬上任何一座山之前，你必须从神经方面开发你的全部潜能。如果情感方面的障碍或因为要应付功能减弱而使你心力交瘁，那么，要让你的大脑发挥最佳功能，几乎就是不可能的事了。

每个经受过暴力、性骚扰、重创或人际关系失调的人可能也经受过某种程度的神经创伤。由于身体或心理的障碍而受到侮辱的学生在校期间通常表现出压力大、焦虑和沮丧。在这个最敏感的年龄段，由于老师对他们的敌对态度或评头论足，有些孩子被诊断患有创伤后应激障碍症。那些心理功能已经开始衰退的人最易于遭受到进一步的打击。注意力缺失症、强迫症、学习障碍和其他心理障碍让大脑更难以在心理上和情感上发挥最佳的功能。由于这些人正患有上面提到的这些病症，所以他们的防卫系统已经崩溃，即使只给他们的大脑一点点压力，他们都会失去更多的智能。在成长的关键时期，家人、同学、老师或教练一句简单的负面评论就会使这些敏感的年轻人迷失方向。令人遗憾的是，没有多少人意识到这一点：虽然他们不能控制那些降临在他们身上的外在事物，但他们却可以控制自己如何从内心对其作出回应。我们对自己所造成的伤害往往比别人带给我们的伤害要大得多。

大脑的"安全模式"是在压力很大时保护心智的一种自然方法。但这不是一种恒久的状况，不会阻碍你成为你本来可以成为的那种富有创造力、快乐、喜欢冒险的聪明人。当你的心智没有发挥出最大功能的时候，你不仅会更加脆弱，而且会更难找到解决问题的方法，因此，问题往往会变得更加复杂。因为你的大脑没有抵抗能力，所以噩梦和恐惧症会导致强迫性、偏执狂的行为和沮丧的情绪；因为你不知道应该怎样去进行解决冲突和控制攻击性行为所需的内心对话，人际关系方面的问题也就会变得更加复杂。人们常常声称自己是受害者，因此对自己的行为不负责任，而这样做只会让他们的情况更加严重，他们会继续作出与配偶、工作、金钱、毒品和酒有关的错误的选择和不明智的决定。

这听起来是不是和你所面临的情况有点类似呢？如果你感觉自己的生活质量正在下降，遇到了障碍或是陷入了困境，很可能就是因为你的心智由于某种原因没能发挥出最佳水平。陷入困境的感觉表明你的大脑模式被卡在了某个圈里，因而你就会不断地重复那些相同的徒劳无功的行为，而且每一次得到的都是同样的令人伤心的结果。没有人想要那样生活。但是，人们经常会心有余而力不足，因此他们找不到出路。

芭芭拉是在我早期职业生涯中来到我心理病房的一个可怕的病人。我是最后几个去鉴定是否还有对她有效的治疗方法的人之一。

她是一个吸毒成瘾者，正忍受着自我否定和恐惧的煎熬。然而，在她身上，我仍然能看到一些力量和决心的迹象，这些迹象让我对她的治疗产生了希望。她性格叛逆,因此我让她和我一起合作。我告诉她,我相信她比其他任何医生想象的要聪明得多。我答应首先把测试结果告诉她,她同意让我对她进行测试。

第二天芭芭拉来找我时,我告诉她,科学的诊断结果是,她是一个"令人不快的挑剔的人"。

"你最后可能变得孤独而且无依无靠。"我说。

她很惊恐。我告诉她,她正越陷越深,在这种困境里,人们通常不会改变那种自我毁灭的方式,他们只会变得"更加如此"。

然后,我又告诉她,我认为她还有希望。我给她的建议与这本书提供给你的建议是一样的。我们都在改变自己的内在力量。芭芭拉的绰号是"瘾君子",但这只是别人强加给她的称呼。这只是一种描述,不等于"宣判死刑"。她没有必要去接受这个绰号,她可以拒绝它,重新创造自己的世界。

之后,芭芭拉又来过我的办公室3次,确定她最后的诊断结果。最后她跟我说,她已经准备好摆脱这个绰号了,她同意接受我的3次会面提议。

和我所想的一样,她具有改变自己人生的意志。她拒绝与那些认为她永远无法摆脱瘾君子命运的人合作,她清除了面前的罗网,让大脑发挥出前所未有的水平。后来,她成为了她所在社区最具创造力和多产的艺术家之一。

评估你的心理素质

你未来的计划是什么?你是否正身处困境?你是否仍然梦想取得大学学位、职业证书或某种资格证书?你想拥有更完美的婚姻或更幸福的家庭吗?你是否有妨碍自己实现计划或目标的某种嗜好或困惑?

做下面这个快速测试,看看你的智力、情感或创造力是否正受到某种你自己还没有意识到的状况的阻碍。

自我测试

是什么阻碍了你发挥智力、情感和创造力的天分？用"是"或"不是"回答下列问题：

1. 你是否感到生活已经陷入困境，并且可能因为追求享乐而错失机会？
2. 你是否经常对实现自己的目标或者梦想感到乏力？
3. 你是否认为你所处的背景限定了你的未来？
4. 你是否经常认为你本来可以比现在发展得更好，但由于受到自身能力或所面临的情况所限而不能如愿？
5. 你是否经常幻想你的生活中"也许已经发生了什么"，但是因为这看起来太不现实，所以你放弃去追求这一幻想？
6. 你是否因为对自己缺乏信心或感觉期望与能力之间的差距太大而后悔自己在生活中所做的选择？
7. 你是否因为亲密程度或感情遇到障碍而对自己的两性关系或婚姻心生不满？
8. 你是否对自己的工作或自己在向更好的或更令人兴奋的工作方面迈进时所取得的进步不满意？
9. 与你想象的那种生活相比，你是否对现在的生活状况不满意？
10. 你是否觉得你完全没有想过将如何迎接生活中的一次重大挑战，或者完全没有准备好在与最可怕的噩梦不期而遇时幸存下来？

如果你的答案中有一个"是"，那么你可能正经历生命中的一个消极周期；如果你的答案中有两个或更多的"是"，那么很可能你的神经网络和心理潜能已经遭受创伤。

在下面的章节里，你会找到有用的甚至是可以改变你生活状况的信息，从而获得快乐、安宁和幸福的人生。

你是独一无二的

在继续往下讨论之前，我向你保证，这不是我为自己的利益而瞎扯的一些有感而发的空话。我不是在推销态度疗法、心理疗法、药丸或宗教信仰。我不相信所谓的"积极思维"是解决任何个人问题的可靠方法。据我的经验，"积极思维"这一概念只是一种自欺欺人的、尽力粉饰悲观想法的方式。反复告诉自己"我可以改变我的生活"或"我可以成为百万富翁"，这种做法可能暂时会有些作用，但据我所知，这种方法不会产生长久的积极效果。

关于智商的 12 个真相

[摘自：《今日心理学》(*Psychology Today*)，2001 年 7/8 月]

1. 智商与简单的能力相互关联
2. 智商受学校出勤率的影响
3. 智商不受出生顺序的影响
4. 智商与母乳喂养有关
5. 智商会因出生日期而异
6. 年龄会使智商差距缩小
7. 智力是多元的，而不是单一的（智商包括多种能力）
8. 智商与头部大小有关
9. 智力测试分数可以预见一个人在现实世界中将会取得的成果
10. 智力是大脑皮质所特有的
11. 智商是不断上升的
12. 智商受学校食堂菜单的影响

你必须了解这一点：虽然你的生活可能曾经陷入一条死胡同，但是你挺过来了。你之所以能挺过来，是因为你仍然有一些技能可以让你摆脱困境。你可能没有通过考试，但这不是因为你笨，你失败的原因是你不知道用什么技能通过考试。我们很快就会讲到"如何做"的问题。当人们来找我进行职业咨询的时候，我经常听到他们说："我并不擅长做一个……（老师、机修工等），我要回去重新开始。"

我告诉他们不要太急，我现在要告诉你的也一样。到目前为止，你所学的都是有用的。因此，不要随便丢弃，要好好地利用它们。假设你感觉自己的旧车很快就要过时，无法再用了，因此想用旧车去换购一辆新一点的车，但销售员却告诉你，你的旧车比你想买的那辆车要值钱得多，也许它已经成了收藏家的收藏品呢。你会因为喜欢新东西去买那辆较新的车，还是干脆去享受收藏这辆旧车的乐趣呢？你的答案也许会告诉你自己内心的感觉。

这就是我想传达的意思：你没有必要因为没有意识到自己的全部潜力而抛弃过去的自己。但是，你仍然可以学习新的技能，以便完全了解自己的天赋。你在这个世界上是独一无二的，你对这个世界是很有价值的，因此，你不必费尽心力试图去变成另外一个人。让我帮助你释放出所有你可以展现给这个宇宙的创造力、爱和智力。我将向你提供已经得到科学证明的最佳建议，它们可以循序渐进地帮助你实现这个目标。结果很快就会出来，这些建议将改变你的一生。

挖掘自我潜能的科学依据

我想做的一个重要声明是：我是一个职业人文科学家，我不可能只说你想听的话。这本书里面的信息来源于科学发现和临床研究，这完全不是有感而发的空洞的东西。这些不平凡的发现来自于灵感，但却是由真正的科学研究所支撑的。在过去的两年里，有些非常有趣的科学研究可以证明我的方法是以物理学、神经学和行为科学为基础的。让我们先看微观科学，对物质原子的研究会引领我们进入量子物理学。马克斯·普朗克（Max Planck）发现原子粒子在某些情况下，比如在颜色瞬间改变时，会出现跳跃的现象。当时，他第一次在物理学里运用了"量子"一词。例如，光会从蓝色变成绿色，而中间没有任何颜色渐变。这种量子跳跃与水温会随着冷却或加热而改变的现象是不同的，因此，不能用一般的梯度测量法来解释。

由包括爱因斯坦在内的一些科学家所做的进一步研究显示：原子粒子通常会以这些量子跳跃的形式存在和消亡。但最令人吃惊的是，这些微小的能量来源受到科学家意识的影响。正如沃纳·海森伯格 (Werner Heisenberg) 后来证明的那样，一个粒子的位置取决于研究者的视角（即量子力学中著名的"不确定原理"。该原理由量子力学创始人沃纳·海森伯格提出，揭示了微观粒子运动的基本规律：粒子在客观上不能同时具有确定的坐标位置及相应的动量。"不确定原理"亦称"测不准原理"，来源于微观粒子的波粒二象性，是微观粒子的基本属性，所谓的"测不准"与测量仪器的精度无关。——译者注）。说这些物理学知识的目的是想说明：你可以用与改变心智相同的方法来重新组织大脑的链接，改变你的身体结构。酷吧！当我们看见和经历这个世界时，意念（也就是意识）会在构建世界的过程中起到一定的作用。通过做下面这些心理训练，你可以让身体变得更加强壮。

这是另外一个例子：在计算机科学里，我们用"比特"这个词表示数据量。一"比特"的信息量相当于单一的数据量。例如，"5 美元"就表示一个单一的"比特"。大脑每秒钟可以处理 $10^{12} \times 10^{12}$ 比特的数据，而一般的高速电脑处理数据的能力为每秒钟 3.3×10^7 比特。任何一天，在你面前出现的数据至少有 1×10^6 比特，温度、交通、家庭必需品等。然而，一般人每天仅仅处理了 2 000 比特的数据。

如果我们只处理力所能及的一小部分数据，那么，我们就是在无意识地限制自己的潜力。为什么不能把我们的视野放得更宽广一些呢？如果更深入地了解一下大脑的实际功能，我们会看到，如果我们认为什么是真实的，大脑就会作出相应的反应，而不是对真实世界给出一个客观的景象。大脑不会直接看到或听到事件的发生，它会经历一个过程，其中包括两个步骤。

步骤 1：我们的感官渠道，如视觉、听觉、触觉、嗅觉和平衡知觉会给大脑注入振动能量。例如，光线刺激眼睛视网膜，神经脉冲就被发送至大脑。

步骤 2：振动能量与一连串的记忆、知觉神经相连接，而这些神经会设法以已储存的信息为基础去识别这些冲动。

这说明了我们为什么只可以"理解"我们所知道的东西。除非我们知道某种感觉，或记忆中有这种感觉，否则大脑不可能识别它。我已经向病人证明过很多次，虽然他们可能被测出只具有一般的心理能力，但是，我可以帮助他们以更高的认知水平去行动或"理解"。然而，因为这个信息对他们来说太少见，所以他们可能在第二天就把它忘掉了。

在我观察一群人在一次训练中学习如何在燃烧着的煤上面行走时，我也注意到了这一点。然而，当我第二天把前一天练习时的照片给其中几个在燃烧着的煤上面行走过的人看时，他们都不相信自己做到了。体育发展史上有很多这样的例子，运动员在一生的某个时刻完全出乎意料地超常发挥。我最喜欢举的例子是鲍勃·比蒙(Bob Beamon)，他是跳远项目的世界纪录保持者。

在1968年墨西哥城奥运会之前，他还默默无闻。大多数人，包括比蒙自己，在那次奥运会上都没有对他寄予太大的期望。然而在起跳之前，他的内心感觉到前所未有的平静，身体里充满了力量。当他开始向沙坑跑去时，意识中的某种东西突然被激发了。他取得了非凡的成就，成绩比以前任何人跳出的最好成绩还要超出2英尺。然而，直到走到运动场中央去穿保暖衣的时候，他才意识到自己跳出了那么好的成绩。当他被告知自己取得的惊人成绩时，他感到的只有迷惑。有趣的是，他后来再也没能跳出那么好的成绩，甚至没能接近那个成绩。

请相信，你的潜能也是无限的。我们每个人都可以超越期望，包括自己对自己的期望。你可能会感到陷入困境，生活很乏味，甚至走进了死胡同，但那只是一种感觉，不一定就是你的现实生活。你的限制都是你强加给自己的，这种自我否定的心理天性是你最难应付的挑战。我们经常从自我限制中得到安慰：我们对自己的期望很低，我们躲在舒适的环境内，在不安全感中颠簸。即使很聪明的人也会这样。据说教授们最常做的梦就是：他们的无知被发现，他们的博士学位被抢走。

我们的内心的确会跟我们开玩笑，但有时我们也会跟自己的内心开玩笑。这方面的权威人士是坎达丝·珀特(Candace Pert)，她是我亲自提名的诺贝尔奖候选人。她在神经传递素的性质方面做了很多研究，揭开了神经重塑的神秘面纱。神经重塑是以大脑的需要和新的可能性为基础，大脑反复改造其功能的一种能力。但是，这种需要既可以是破坏性的，也可以是建设性的。简单地说，这就是它的运作原理。大脑由几十亿个神经元链接组成。这些神经元的接合处叫做突触。突触的作用相当于家里电源插座的插头。我们神经系统里的壁装电源插座叫做受点。值得庆幸的是，基于大脑的不断变化，我们可以培育出新的受点并改变它们的位置。当我们持续性地专注于我们感知的现实和挑战时，这些突触开始变化，甚至在一些主要的传送系统周围增加。

珀特博士已经很清楚地向我们说明了这些变化是如何通过情感联想而发生的。她也说明了这些组合是如何影响我们的免疫功能和其他生理活动的。情感联想可能会让我们的大脑窒息。如果数学让你为难，你就有可能带着恐惧和不安参加一次大型的数学考试，你可能会感到沮丧和焦虑。每次面对数学考试的时候，它就会通知你的大脑进入安全模式。于是，一旦碰到数学测验，你就会自动地关闭大脑。大脑的神经传递素会把你感知到的数学恐惧症变成现实。随着这些神经细胞的死亡和重生，它们会复制和繁殖以前的事件所造成的影响。在这种刺激下，我们要么变得更为聪明，要么变得更加糊涂。

科学继续给我们开创新的领域。我们不再受限于从父母那里继承来的遗传脑力。伯纳德·德夫林 (Bernard Devlin) 在回顾了发表在《自然》(Nature) 杂志上的 200 多项研究后，得出了这样的结论：至少 52% 的大脑功能建立在出生前受到的关注、教育和我们刺激大脑的方式的基础上。大约在 26 岁，人的大脑可以达到最佳状态，但之后它也会继续发展。

因此，你随时都可以增强你的智能，你没有理由接受自己或别人对你的限制。"用进废退"这个词语同样适用于你的大脑。我们需要增强心理能力，不然就可能会让大脑由于缺乏刺激而进入睡眠状态或安全模式。如果你觉得生活乏味，一成不变，设想一下你的大脑会有何种感觉。我不想让你担心自己的大脑已经开始失去活力，焦虑只会适得其反，使事情变得更糟。相反，我想教你如何刺激你的心智，使你的生活进入有创造性、积极和完美的轨道中。这是一个让你发现真正的自我、一睹神秘事物真正面目的良机。

如何释放你的内在天赋

第一步是认识到你并没有什么真正的弱点。然后，你要大胆地去接受那些为你而存在的可能性。第一步很具有挑战性，也很刺激。你可以敞开心扉，接受生活中你想要的一切。你不可能把未来还没有发生的事与过去已经发生过的事相比较。你要采取一种全新的态度。你本身就具有这种能力，我可以给你提供一些方法，让你成为自己可以成为的那种人。

> **情系中国**
>
> 据世界卫生组织（WHO）统计，全球完全没有心理疾病的人口比例只有9.5%。中国有53%的中青年企业家存在不同程度的心理健康问题。另一项调查表明，年薪越高的人越难感觉到幸福，而中国富豪自杀率的攀升是一大隐忧。据统计，2004年中国：
>
> 1. 自杀人口达到25万~28万人；
> 2. 有心理及精神疾病的人口达到1 600万（占总人口数1.23%）；
> 3. 94.24%的上班族有明显压力症候群，包括焦虑、失眠、情绪失调等问题。

你没有理由接受"平均成绩"，也不能忍受工作上的平庸表现。没有人生来就是平庸的，因此，不管在生活中的哪一方面，你都不能接受平庸。我们每个人都可以找到一种方法，去克服任何会减缓我们前进速度的困难和障碍。不安全感、沮丧、焦虑、注意力缺失症，甚至大脑创伤，都是可以克服的。这些状况不仅可以克服，而且还可以用来为你服务。富有创造力的人和实业家往往可以从那些他们曾经不是很擅长的学术领域中找到巨大的财富，做出新的研究，让他们当前正全力以赴的事业突飞猛进。我们可以采取预防性的措施，帮助你大大降低患中风、阿尔茨海默氏症或帕金森氏症的危险。实际上，消除这些障碍最好的方法就是学会如何释放"内在天赋"。

心智是大脑神经联合体的一部分，但它所涉及的并不仅仅如此。我是人类智商和真实智力方面的专家。有些人通过智力测试得出很高的智商评价，但智力测试只是测量真实智力的一种方法。"街头智慧"(Street smart, 指知道在大城市生活该怎么处理一些事情，应该如何应付各种不同的情况，也指一个人知道在大城市里生活应该怎样小心防范坏人和意外事件。——译者注)也同样真实，甚至可能会更有用。事实上，天才智商存在于我们每个人的智力之中。

你也能创造"不可能"

世界上有很多"不可能"的富翁和伟大的领袖。比尔·盖茨、托马斯·爱迪生和阿尔伯特·爱因斯坦在他们生命中的某个时期都曾被认为是没有前途的。你是否想知道，为什么有些人虽然被认为没有什么天赋或者技能，却反而在他们的领域里成为超级明星呢？迈克尔·乔丹在篮球场上是个风云人物，但是，其他99%的职业篮球运动员也是如此。然而，为什么那个在中学被踢出球队的年轻人在其职业生涯中的表现会比其他队员都更为突出？人们反复谈论他的坚强、决心和他对比赛的深刻认识。

你的身体有体质的限制，但你的心灵可以高高飞翔，完全超出你自己的想象。你的心理表现可能会遇到一些挑战，正如一次事故能让你的大脑受到创伤，心理失调会降低你的大脑功能一样。但大脑是一个非凡的器官，你可以刺激它，让它自己逐渐痊愈，它可以为提高学习成绩和实现创造性的突破开辟新的途径，这是一种惊人的资源。如果你了解这一点，就不会再受任何限制。对你来说，任何事都是可能的！踏上你的开拓心智之旅，让我们向更大的成功迈进！

第 2 章

The Breathing Brain

神奇的呼吸方法

THE IQ ANSWER

布赖恩(Brian)是个非常苦恼的年轻人。尽管他在智商标准测试中的分数很高，但他只能勉强通过七年级和八年级的考试。高中一年级刚过3个星期，他就开始感到很迷茫。他的父母对他期望很高，他们让他觉得自己辜负了父母的期望。

　　布赖恩想让家人以自己为荣，他梦想着自己有一天能上医学院。但是，由于不断失败，他感觉可能是他给自己设定的目标太高。沮丧袭来，这不仅破坏了他的人际关系，并且进一步影响到他的课堂表现。由于布赖恩很难把注意力集中在功课上，一位为此担忧的中学辅导员叫他来我的诊所，看看他是不是患了注意力缺失症。

　　经过诊断，我发现布赖恩并没有那些患注意力缺失症的人那种典型的大脑功能模式，但是，他确实在集中注意力方面存在一些问题。我注意到，当布赖恩试图去记住某些东西的时候，他的焦虑感就会大大增强。毫无疑问，这样的压力会影响到他的学习。除此之外，我还注意到一个更加明显的现象，它让我知道了布赖恩在学校里遇到问题的根本原因。随着焦虑感的增强，他会开始强力呼吸，这使得他无法集中注意力。与我先前预料的不同，这更像是神经阻断。

　　最高效的呼吸频率是每分钟12次到14次。当布赖恩不做强力呼吸时，他的呼吸频率是每分钟5次。这太恐怖了，他几乎就像没有呼吸一样。我们几乎不能发现他的胸膛在呼吸时的起落。他的呼吸频率那么低，竟然还能走路，这真是一个奇迹。布赖恩就像现实中的一具僵尸，不过，我觉得我不应该把这个特殊的诊断结果告诉他。

有趣的是，这是一具跑道上的僵尸。布赖恩是一名田径队员，但是他并没有以参加奥运会比赛的速度赛跑，事实上，他跑得很慢。他是一个身体健康、有上进心、有闯劲的年轻人，但是，跑步的时候，他就像背着一架小型钢琴一样。不知什么原因，这个健康的孩子是队里跑得最慢的。我向布赖恩询问了他跑步时的心理表现方式。我注意到，他跑步时脸上露出紧张、严肃的表情，这让我想起了那些古希腊军队的信使，他们总是从战场上被派遣到残酷的国王那里传递坏消息。对此，布赖恩解释说，他见过跑得更快的运动员，也就是他的行为榜样，他们跑步的时候脸上也是带着那种紧张的神情。不知出于什么原因，他认为他们跑步时看上去就是那样的，因为他们跑步时屏住了呼吸。练习短跑时，布赖恩没有吸气，你可以想象，这大大缩短了他在精疲力竭之前能够跑完的距离。

> 《你的下颌：你的生命》(Your Jaws: Your Life)的作者戴维·C.佩奇(David C. Page)说，最好用你的鼻子呼吸，因为这样会激发一氧化氮的释放，促进智力活动，尤其是创造力。实际上，用嘴呼吸和心脏病发作有很大的关系。用嘴呼吸，尤其是在夜间（打鼾时），会使大脑暂时缺氧，从而引起心血管疾病。用嘴呼吸和注意力缺失症也有关系。
>
> 权威链接

更糟糕的是，布赖恩养成了一种坏习惯，每当遇到压力时，如做数学题或写历史评论时，他就会屏住呼吸。我曾经是中学体育教练，所以在跑道上待过一段时间。我给布赖恩的教练汤米·欣森(Tommy Hinson)提了个建议，希望把布赖恩放到越野跑运动队去。布赖恩对我的提议似乎并不感兴趣。"我从来没有在不摔跤的前提下跑完过100码，你还想叫我跑10英里？"

我说他可能会让自己大吃一惊，而且，在训练的初期阶段，他想什么时候停下来走路都可以。"在太阳落山之前完成训练路程，只要我们能找到你的尸体就行了。"他的教练开玩笑地说。

在第一轮赛跑练习中,有很长的路程布赖恩都是走完的,但有趣的是,他不是最后一个到达终点的。在第二轮赛跑练习中,他没有停下来走。他知道,只要保持稳定舒适的速度,他就能够继续跑下去。在第二个星期的练习中,布赖恩是队里最先完成赛程的 3 名队员之一。他的自信心不断增强,竟然开始期待训练的到来。他在队里的成绩排名很快靠前,到了第二年秋季,在和其他队进行的比赛中,他获得了第 1 名。由于我们都喜欢完美的结局,你可以猜想得到,一旦布赖恩学会了保持身体和大脑空气的流动,他的课堂表现也会迅速提高。他的数学成绩遥遥领先,并于高三时加入了优等生联合会(Honor Society)。他最终取得了经济学博士学位,成为了一个成功的音乐家,并创建了一家很有影响力的企业。幸运的是,他仍然记得他生命中的那个"小人物",我们一直都是好朋友。

啊哈!要是生活都如此简单就好了,是吧?有时候,解决复杂问题的办法就是从简单的步骤开始的。布赖恩在生活中取得的巨大进步就是从调整自己的呼吸模式和采用新的处事态度开始的。呼吸模式的改变并不是他取得那么大进步的唯一因素,这只是调整大脑模式和改变其应对挑战方式的第一步。记住,如果你在生活中一直遵循着某些模式,但它们并不能让你得到自己想要的结果,那么,你需要去改变这些模式。

你会呼吸吗

我们靠空气生活,我们也要靠空气来发挥大脑的功能,进行有效的思考。实际上,我们身体里的每一个细胞都需要氧气,而这些氧气通常是通过红细胞来制造。从皮肤的健康到心律,人体 2 000 多种器官的功能都受到身体里氧气和二氧化碳含量的影响。大脑对呼吸尤其敏感。

自我评估:你是一个聪明的呼吸者吗?

你必须制定一个计划。在这个计划里一定要包含目标、实现目标所需要的更详细的措施和衡量进步的方法。调整你的呼吸方法的计划必须包含以上所有因素，当然还包括氧气。

根据以下这些情况与你相符合的程度，用"非常符合""经常符合""50%符合""很少符合"或"一点也不符合"来回答下面问题。

1. 在遇到压力时，如参加一次很难的考试，我会屏住呼吸，好像在把答案往大脑里推一样。
2. 当我记不起自己应该记住的事情时，我就会觉得受挫，并绞尽脑汁地去回想它。
3. 当我紧张或不得不长时间地阅读时，我的眼睛经常会很疲倦。
4. 处于压力之中时，由于太紧张，我的肩膀和下巴的肌肉会绷得很紧，会感觉到酸痛。
5. 处于压力之中时，我的视力会变得模糊。
6. 每次考试时，我就会开始打哈欠或打嗝。
7. 当考试或表演让我感到有压力时，我就会紧张、胃痛，甚至呕吐。
8. 我很难停止思考一个话题或主题而转去思考另外一个问题。
9. 处于压力下时，我一点创造性都没有，只能想到一些最常见的解决办法。
10. 我在紧张时会犯很多小错误。
11. 考试紧张时我不能把注意力集中在试题上。
12. 我开始去想其他不同的事情，而不去想问题和答案。
13. 有时，我不能够认真对待考试，只能想到那些滑稽荒诞的答案。
14. 考试时间越长，我就越觉得紧张。
15. 我总是担心考试的结果，而不是把注意力放在如何准备考试上。

计 分

如果你对上面任何一个问题的回答是"50%符合"或"经常符合"，那么，学习一些呼吸方法可能对你的心理表现有益。如果你对上面任何一个问题的回答都是"非常符合"，那么你必须去学习一些呼吸方法，这很重要，否则，你将不会得到你有能力去获得的成功。

通过鼻子获胜

接下来，我想讨论一下呼吸方法是如何影响一些非常重要的功能的，尤其是当它们与表现和压力有关时。下面是一张展现外层(皮质)基本功能的大脑俯视图。你会注意到，有些大脑区域是和某些特定的功能联系在一起的，比如颞叶的记忆力和额叶的组织能力。

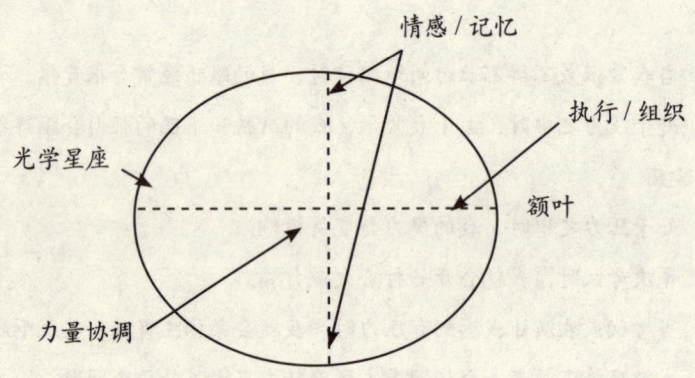

当你的呼吸频率超过每分钟14次时，你就会向身体的其他部位，尤其是大脑，发出压力过大的信号，这就会引发古老的"战或逃反应"(fight-or-flight response)。从穴居人开始，这种反应就一直存在，这就是为什么你的祖先没有沦落成为剑齿虎餐厅里的美食的原因。

试一下这个实验：刻意以每分钟20次的速度呼吸。2分钟后，你就会注意到自己感觉非常不安。那是因为你已经触发了某些很原始的本能。快速呼吸会刺激大脑作出情感和物理的反应。如果你开始强力呼吸(很高的呼吸频率)，你就会触发心理上的恐慌模式。当你感到恐慌时，最自然的反应是寻找引起恐慌的原因。有时候，我们会把一些恐慌归结于错误的原因，这就会让我们患上恐惧症，也叫做非理性恐惧。

有些人的呼吸频率非常低，有时候会被误认为是"活死人"，他们的胸腔凹陷，下巴藏在脖子里。不知道为什么他们吸入的氧气那么少，却还能够保持意识。在机场排队时，这些人好像总是排在我前面。如果不是这样的话，那他们就在为确保进入我所在的队伍里而在机场里奔走着。

试一下这个实验：趴下来，尽可能缓慢地呼吸。3分钟后，你可能会开始感到沮丧。你会消耗能量，变得忧郁，这些都是自然的反应，因为如果你继续长时间地这样呼吸，你可能很快就得去参加葬礼了——你自己的葬礼。

我只用一个疗程就"治愈"了很多像这样沮丧或惊慌的病人，我只不过是教他们如何正确地呼吸。朋友们，有时候，甚至是对于人类来说，"通过鼻子获胜"也是很有可能的。

5种神奇的呼吸方法

我已经研究呼吸技巧许多年了，因为正确的呼吸是教会大脑去做任何你想让它做的事情的最直接的方法。而且我发现它在出现危机时尤其有用，因为正确的呼吸会促进身体本身的自然康复。我曾经带领一组专家从事过一个研究项目，教给一些接受脊柱手术的病人一些呼吸技巧。我们把他们跟一群接受同样的脊柱手术但没有经过呼吸训练的病人进行比较，结果非常具有启发性。与后者相比，接受过呼吸训练的病人没有任何并发症，康复的速度是后者的两倍，且疼痛的程度比后者低得多。

一旦你以正确的方式去呼吸，呼吸就是这么简单。它是自然康复的典范。以下就是一些控制呼吸模式、促进身体健康和改善自身心理表现的方法。

1. 横膈膜呼吸法：当你健忘时

人们最常练习的以及我在外科手术研究中使用的呼吸方法叫横膈膜呼吸法。这种方法注重运用位于肺底部的横膈膜。如果你需要学习新的东西或回想一样东西，如回想如何写一个字或某人的名字时，你可以考虑使用这种呼吸法。它也是一种很有效的调动力量的方法。很多人都是通过意象和身体自然的康复能力来应对挑战。

横隔膜呼吸法练习：把手放在肚脐上，吸气呼气，注意你的手是怎样上下移动的。这就是你肺部的横膈膜在起作用，它把空气带进你的肺部。

给孩子治疗时，我会在他（她）的手上画一个大圆圈，叫他（她）把手放在腹部。然后，我会叫这个孩子把气吸进这个圆圈。如果做得正确的话，孩子会开始以每分钟12～14次的速度呼吸。让病人吸气7次，然后呼气7次，这样做也有效果。

我知道这种呼吸法让人感到乏味。因此，在练习的时候，可以任由你的思绪驰骋，只要保持计数和呼吸。值得提醒一下的是，这样做可能会让你产生睡意，但其实这也是一种放松，不是吗？

脑部扫描显示，当你运用正确的呼吸方法时，记忆区域就会发亮。这表明良好的呼吸方法有助于激发创造力。让我介绍一个实验吧：做一个有关记忆力的预备测试，让一个朋友读下面的电话号码以及与这些号码相应的名字给你听。在听了每个数字和名字之后，看看你是否能记住每个人的电话号码。（理想的成绩是把3个号码都记住并能说出来。）汤姆 214-559-2665，玛丽 505-456-8282，雷 912-554-2334。

现在，花5分钟时间练习一下横膈膜呼吸法，重复上述步骤，然后比较一下答案。下面是一个现实生活中的例子，它可以说明这种呼吸方法是多么有效。

肖恩是一个律师的儿子，他已经从法学院毕业，却很难通过律师资格考试。他总是犯粗心大意的错误，比如漏做一整页试题。他的精神治疗医师指出，他是无意识地想失败，因为他不想别人把他跟他爸爸——一个非常成功的律师相比较。我教给他这种控制呼吸的方法，结果，他以那一组第一名的高分通过了律师资格考试。

2. 完全呼吸法：焦虑和情绪不稳定时

这种类似的方法需要使用所有的呼吸部位：胸部、腹部和肩部，而不仅仅是横膈膜。当你非常焦虑，需要控制情绪的时候，这种方法会对你有所帮助。你可能正在生气或者正在经受压力，通过这种呼吸方法，你可以让自己恢复平静。而当你要作出重大决定时，这也是一种有助于你控制焦虑情绪的方法。

完全呼吸法练习：我把一只手放在病人的肚脐上，另外一只手放在他的胸部上。我让病人从我放在肚脐的那只手处开始呼吸，同时保持胸部不动。60 秒之后，我又让病人呼吸，但这次只让胸部动，而腹部保持不动。对于一些人来说，这样的要求可能不容易做到，他们可能需要一些指导。

再过 60 秒之后，我又叫病人尽量只通过肩膀呼吸，每一次吸气时，把肩膀微微抬高，同时保持胸部和腹部不动。30 秒后，我叫病人同时用 3 个部位 (胸部、腹部和肩膀) 开始呼吸。这稍微需要一些指导来加以练习，但大多数人表示，一旦他们学会如何更加有效地去呼吸后，他们很快就会感到很放松。

在大脑监控器上观察这种方法很有趣，因为监控器上显示出一幅漂亮的频率混合图，它就像一首交响曲，所有的乐器都配合得很和谐。同样，这种方法能够帮助人们实现自身的和谐。当你遇到压力时，往往因为你不自信或情绪不稳定，很小的事情就会使你烦心，让你坐立不安。当你感觉不对劲或紧张的时候，你可以用这种方法来让自己的心情恢复正常。

回想一下你生活中一个令人非常紧张的情景，如与配偶的一次小吵闹或给一大群人做演讲。用 1(最低) ~ 10(最高) 来评定一下自己的紧张程度。在你设想这个情景的同时，完全呼吸 5 分钟，结束后，如果你还在想那个问题，请你用同样的 1 ~ 10 的标准来评定一下自己现在的紧张程度。当你需要坚强地去迎接挑战时，完全呼吸法是一种非常重要的释放压力和减轻负担的方法。

3. 三角呼吸法 (1-4-2)：当你失眠和超重时

这种呼吸模式是最受大家欢迎的，尤其是那些有睡眠问题的人。

琼和这个国家一半的人一样，有睡眠方面的问题。如果一个晚上能够真正睡上 3 个小时，那她算是走运了。而且她还是严重的过度肥胖者，因此，她同时还得对抗肥胖症。体重的增加通常伴随着有恢复作用的睡眠的缺乏，这真是双重惩罚（没有人说生活是公正的）。但是，经过我的帮助，琼学会了有益于休息的睡眠模式的技巧。一旦掌握了这种方法，她的体重就开始减轻，甚至还参加了由我的一个心理学者朋友创办的减肥挑战的电视节目。（我在这里尽量不提他的名字。）

这种三角呼吸法是为激发创造力和灵感而设计的。如果你绞尽脑汁去想解决眼前问题的新办法，那么，这个技巧也许会帮助你找到那个"摆脱困境"的方法。

三角呼吸法练习：它是以 1∶4∶2 为基础的。也就是说，每次吸气一拍，屏住呼吸 4 拍，呼气两拍。通常，这种模式对我们中的大多数人来说都太快了，因此，最好的拍数应该是 4∶16∶8，也就是连续吸气 4 拍 (1-2-3-4)，然后屏气 16 拍 (1-2-3-4-5-6-7-8-9-10-11-12-13-14-15-16)，最后以 8 拍 (1-2-3-4-5-6-7-8) 的速度慢慢呼气。我知道，这听起来复杂。有些人需要 CD、磁带或节拍器来帮助他们保持节奏。如果你能连续做 10 分钟，这种方法对集中注意力很有效果。

对这种方法进行检验时，大脑监控器显示的是大脑后部发亮，那里是意象能力所在之处。组织能力所在之处——额叶的活动也在增强。据说爱因斯坦和爱迪生都曾运用过这种技巧。爱迪生会低头看着一个装满水的盘子，手里抓着小鹅卵石，然后把注意力集中在要面临的挑战上，让自己的大脑进入一种安静的、昏昏欲睡的状态。当他就要睡着时，手就会松开，小鹅卵石就会掉到盘子里，水就会溅到他脸上，这能使他足够警醒，让自己保持那种自由联想的状态。

如果你想看看这是否与你遇到的挑战有关，你可以思考一个你不得不面对的但却很困难也很具体的问题。用三角呼吸法呼吸 10 分钟，心里想着那个问题或挑战，详细地回忆你想到的每件事。10 分钟后，用某种方式把你的体验记下来，制成录像，告诉一个朋友，或者只是用录音带录下你的回忆。思考一下你的体验，看看克服困难的答案是否会出现。这就是在放松的状态里利用心智的力量。

4. 鼻孔交替呼吸法：当你陷入困境时

拿这种呼吸法开玩笑也是可以的，尽管听起来有点奇怪，但它却起源于古代东印度人的习俗。当你陷入困境或者看起来不能摆脱自我挫败时，这是一种可以帮助你改变思想模式的方法。也许你不能停止去想那个伤害你感情的人，或者你总想着即将到来的一次考试或求职面试。这是一种让你摆脱这种思想模式的方法，它能让你集中注意力去想更加有益的事情。

这种方法是有意识地通过鼻孔交替呼吸。别担心，除非你在大多数人只有软骨的那个部位有肌肉，否则你完全可以通过用手指压住一只鼻孔的外侧来完成这个过程。

鼻孔交替呼吸法练习：用一只鼻孔呼吸，同时关闭另外一只鼻孔，当你尽力吸气后，关闭吸气的这只鼻孔，用另外一只鼻孔把气呼出去。(在毒品缉查官经常出没的地方，最好不要这样做。)然后，用刚才呼气的那只鼻孔吸气，用另外一只鼻孔呼气。放松地重复做几次这种交替练习。

如果你正在注视大脑监控器，那么你会发现一些非常有趣的事情：你大脑图像的区域一个接着一个地发亮。首先，可能是你的颞叶发亮，然后是你的额叶，接着是后脑或其他某个区域。这就像是在观看不同时间里闪烁的霓虹留言板一样。这样也许看上去有点混乱，但混乱之外却是一种宁静。你的大脑正在重组，它正在清除链接，以便你能找到新的解决问题的办法。

你可以这样去体验这种呼吸方法：把注意力集中在一个问题或一件让你担心的事情上，这个问题或事情就像一首歌，在你心里反复播放，让你很心烦。用这种方法呼吸两三分钟后，你会感到心里有些混乱，可能想停下来，但是记住，你的目标是摆脱那个让你心烦的想法或问题，所以不要停，继续用这种方法呼吸，直到你不再去想那个问题为止。这是净化你的心智的过程。

汤姆心中有很多疑虑，因此这种方法对他很有用。他被诊断患有肺癌，一直想着自己会死于这种疾病，这并不奇怪。他醒着的每一分钟都在想这件事，由于他根本睡不着，所以这意味着一天24小时他都在想这件事。当然，这是可以理解的，但他这种对死亡的担心比癌症本身更容易让人衰竭。我帮助汤姆学会了这种鼻孔交替呼吸法，这让他战胜了对死亡的恐惧。他意识到，自己不必成为癌症的受害者，相反，他可以是抗癌斗士。他转变了思想，因此能够应对挑战，并最终战胜癌症，活了下来。不仅如此，他还帮助其他人应对类似的挑战。

5. 正方形呼吸法 (4-4-4-4)：当你感到恐慌时

正方形呼吸法通常被用来应对恐惧。

正方形呼吸法练习：它是以"正方形"的公式 4-4-4-4 为基础的，也就是你每次吸气 4 拍 (1-2-3-4)，屏住呼吸 4 拍 (1-2-3-4)，呼气 4 拍 (1-2-3-4)，停止呼吸 4 拍 (1-2-3-4)。最后一步是关键。当你不能呼吸时，恐惧很快就会出现。

你的大脑有一个非常奇妙的机制，它会把恐惧和缺乏空气联系在一起。你刚开始感到一点点恐慌，心里的恐惧感就会出现。但是，如果你坚持练习这种呼吸法，你就不会感到恐慌，你的大脑就会自动赶走恐惧。吉姆 (Jim) 是一个爵士乐钢琴家，由于害怕在观众面前犯错误，吓得几乎不能动弹。由于恐惧，他在演出之前会感到非常恶心。我建议他尝试这种正方形呼吸法，45秒后，吉姆开始紧张起来，他说自己恐怕会晕倒。

我打消了他的疑虑，让他继续练习，但每次最后的"停止呼吸4拍"总让他很犯难。这需要一些安慰，但尽管他怀有疑虑，我还是让他继续练习。5分钟后，他开始放松，甚至微笑起来，这真是奇迹中的奇迹。在他的眼里，我看到一种前所未有的坚定神情。随着情绪的放松，他对自己的表演更加有信心了，他也学会了享受在一大群观众面前表演的乐趣。

如果遇到让你心烦的想法或事情，那么请你至少用10分钟时间尝试一下这些呼吸法中的一种。如果你忘掉了一些恐惧，但突然又想到其他更让你恐惧的事，请不要惊讶，因为这是正常的，只是这个过程中的一个步骤。如果你坚持练习，一定能战胜焦虑，实现突破！

延伸阅读

数百年来，呼吸技巧一直被用来控制情绪。它们是非常有效的方法，然而，我们经常轻率地拒绝接受它们。时间和研究结果已经证明，它们是控制焦虑和过度恐惧的有效方法，而且比处方药便宜得多。

记住，坚持练习，你的状况就会越来越好。我建议你每天练习这些呼吸方法一次，或者把这些呼吸方法和其他活动结合起来。

第3章

Brain Detoxilication

大脑排毒

THE IQ ANSWER

和大多数14岁的孩子一样，凯蒂只要自尊心受到了伤害，就会觉得很尴尬。尽管凯蒂在小学的时候一直是优等生，而且一直盼望着迎接中学的挑战，但一上中学，可怜的凯蒂就感到焦头烂额，成绩一落千丈，她和所有的朋友断绝了联系，性格变得孤僻。凯蒂被分到特殊教育班，对此，她的父母感到震惊。他们把凯蒂带到劳利斯＆皮威心理改变中心(Lawlis and Peavey Centers for Psychological Change)检查，看她是不是患了注意力缺失症或某种精神分裂症。

凯蒂的问题并不简单。我们发现，她的大脑并没有得到所需的养分，原因有两个：第一，她肠道内滋生着一种酵母菌，妨碍了食物正常的新陈代谢。第二，她的饮食结构不合理。对于青春期的青少年来说，这会导致许多问题。凯蒂的大脑缺乏养分的情况十分严重，因此不能正常思考，这就是她成绩下降的原因。她的记忆一片空白，而且专司组织能力的那部分大脑也"罢工"了。她患了神经性营养不良症，这使得她无法完成功课。这种病还导致她的记忆力衰退和组织思路受阻，而大脑这些暂时性的不正常现象反过来又进一步减弱她的自信心。因为缺乏自信，她与其他人在一起时就会感到不自在。凯蒂患上了典型的青少年疾病，而且比普通的症状严重10倍，所有这一切都是因为她没有给自己的大脑提供正常运转所需的养分。

凯蒂之所以这样，也有家庭方面的原因。她有两个哥哥，在她发育之前，他们一直把她当做男孩子对待。突然之间，小妹妹变成了大姑娘，对他们来说，妹妹突然就变成了一个陌生人，而且是个性感的陌生人。于是，他们不再把她当做妹妹来看待，自然而然就和她疏远了。此外，看着女儿向成年女性过渡，爸爸对她的感情也有所收敛。他不知道，女儿一旦长大成人，自己该如何与她相处。对他而言，作出这样的调整的确很难，但这对于女孩子们的父亲来说，是再平常不过的事了。

> **权威链接**
> 波士顿布里格姆妇女医院(Brigham and Women's Hospital)的卡林·迈克尔斯(Karin Michaels)博士在《国际癌症期刊》(*International Journal of Cancer*)上发表的一篇研究报告说，3～5岁时吃过炸薯条的女孩长大后患乳腺癌的概率比其他人高27%。

情感上受到困扰，身体所需的养分又远远跟不上，难怪凯蒂会碰钉子。青少年的大脑会"重新布线"（自我重构），而她的大脑则处于"短路"状态。我们对她进行了一次脑部扫描，结果发现，由于营养不良，她的整个大脑几乎都停止运转了。同时，她的大脑正处于一种叫做"漫射"的缩减状态，在这种状态中，信息是不能以正常速度进入大脑的。

值得庆幸的是，尽管凯蒂的问题很复杂，但事实证明这种病是很容易治疗的。由于选择了合适的药物，她肠道内的真菌感染在一两个月内就被彻底治愈了。有规律、营养均衡的饮食使她的大脑又恢复到高速运转的状态，成绩也显著提高，她又回到了普通班里。随着自尊心的增强，她的社交生活也逐渐恢复正常，同学们逐渐了解到，凯蒂不仅仅是一个聪明的女孩，还是一个特别可爱的女孩。

同时，我们也对她的家人提供了咨询服务。她爸爸明白了可以用一如既往的方式对待女儿，两个哥哥也调整了态度，不再联合起来疏远她，以前他们之所以那样做，只是因为他们不知道该用何种不同于以往的方式来对待妹妹——这个出现在他们中间的陌生女孩(女人)。

由于青少年的大脑会进行自我重构，因而青少年时期就会充斥着各种神经发育方面的挑战。这就可以解释为什么十几岁的孩子会出现"神游"的现象。这并不表示他们是难以适应现实的人，而是因为他们的大脑偶尔会因为重构而停止运转，正如办公室里的电脑系统有时会因为需要修理或升级而关闭一样。我有这样一个朋友，当她的孩子们进入这个阶段时，她的应对方法是"幽默加科学"。她不是对孩子大喊大叫甚至惩罚他们，而是教他们"用你的额叶"，也就是"动动脑筋"。在青少年时期，人的大脑会特殊化，大脑的某些活动区域会被关闭，同时，大脑会在其他活动区域进行重构，建立新的链接。这个过程会使额叶区和其他专司判断和计划的相关区域的链接不太紧密。这既说明了为什么青少年好像缺乏"常识"，也说明了他们为什么不能从长远的角度去思考和计划。

> **权威链接**
>
> 发表在 2005 年 7 月的《儿科与青少年医学文献集》(Archives of Pediatrics and Adolescent Medicine) 中的一篇文章得出这样一个结论：看电视通常会对孩子的学业产生不利的影响。如果小学三年级的孩子 (大约 8 岁) 的卧室里有电视机 (且看电视的时间很多)，那么，他们在标准测试中的成绩要低于那些卧室里没有电视机的孩子。美国儿科学会 (The American Academy of Pediatrics) 已经力劝美国的家长们限制孩子看电视的时间，每天不要超过 1～2 个小时。

凯蒂所经历的这种青少年大脑暂时不正常的现象有可能会暂时塑造出一个"生性怪僻的浑小子"。但是，就像大多数青少年一样，她挺过来了，而且最终茁壮成长。因为得到了一些帮助和理解，她成功地完成了一生一次的转变，并且变得更加坚强，性格也变得更开朗。

凯蒂是幸运的，她得到了她所需要的帮助。而其他一些青少年则借助毒品或其他更糟糕的方式来帮自己度过这一极具挑战性的时期。他们没有意识到，当他们处于青春期时，他们的大脑不能应对更多的挑战，这时摄入大麻或其他毒品会干扰他们的神经化学体系，这种影响可能会持续一生。

大脑的毒性

大脑是一个高度进化且复杂的组织,即使运用我们高度进化且复杂的智力,可能也不能理解它的运行机制。当大脑不能正常运转的时候,问题很可能是出在身体的其他部位。换句话说,问题不在大脑。大脑是身体中反应最灵敏的器官,是身体大部分功能的组织中心和控制室,但是,大脑也要靠身体的其他器官提供养分和保护。

不幸的是,很多医生、营养顾问和保健师不明白这一点。当大脑出现功能障碍时,他们不会考虑你的整个人体系统,他们没有意识到问题的根源也许不在控制室本身,而是出在下面的管道设备或燃油泵上。事实上,身体里90%的5-羟色胺来源于胃部。5-羟色胺是一种有助于控制沮丧和焦虑的神经传递素。很多医学研究证明,胃部动力对人的精神稳定和认知功能很敏感,因此,胃被看成是第二个大脑。确实如此,我们经常靠"胃部反应"生活。凯蒂的事例说明了一些神经方面的问题是由内部的生物混乱造成的。同样,大脑内部的问题也可能会引起过敏性反应。因此,喷嚏和痒痛可能是大脑出现故障的征兆,就像胃痛、痢疾和结肠寄生虫会引起大脑的毒性反应一样。这是一种互动的行为。

> **情系中国** 根据中国疾病预防控制中心的最新统计调查,1990年,我国有57.5%的2~7岁儿童铅摄入量超标,2000年数字上升到62.1%,目前仍有1/3的儿童通过饮食摄入超量的铅。

过敏是身体出于某种原因对其认为危险的物质所作出的反应。比如,一根狗毛会使一些人流鼻涕、鼻腔肿大和呼吸困难。我们的免疫系统具有多重防御体系,其中被研究得最多的要数白细胞。白细胞有很多种,但是它们都是消灭我们身体里的敌人的战士,它们或者吃掉敌人,或者把敌人毒死,但大多数时候是两者结合。这些强大的同盟者大多数是嗜中性白细胞,它们大概占血液中所有物质的 60%。当外部敌人进入这个系统时，这些小家伙就是防御的前线，而且是最活跃的一部分。它们用毒药杀死有机物，并吞下它们，然后，它们通常也会在这个过程中死去。

激活免疫力的主要力量是组胺和前列腺素，它们是身体受伤和疼痛的指示剂。如果你曾经得过花粉病或对某种物质有过敏性的发炎反应，那么，你得用抗组胺药物来终止这种发炎反应。虽然这个警报系统会保护我们，但它也可能会伤害我们。发炎反应和白细胞所用的毒药都可能对其他组织造成破坏且有可能产生过度反应，从而攻击你的身体。当你的免疫系统开始过度反应时，这就叫做"自身免疫性疾病"，它是引起关节炎（攻击关节）、狼疮（攻击内部器官）和多发性硬化（攻击神经系统）的罪魁祸首。因为大脑直接影响到免疫系统，而且大脑也携带着有关压力的信息，不管这些信息是否合理，免疫系统都会把它们认为是敌人，所以，免疫系统也会攻击大脑。

一次有趣的研究证明：患有自闭症的孩子肯定有"过敏"的可能性，这就使他们容易患上非典型性病毒感染、假丝酵母感染、酵母菌感染中的一种或几种。实际上，免疫系统可能在制造不断增加的促炎性细胞因子(pro-inflammatory cytokines，一种信使蛋白质，用于激活其他像杀手 T 细胞这样的免疫细胞。——译者注)方面起着重要的作用，它会使你对食物蛋白质更加敏感。

令人迷惑的是，大部分免疫受体都在我们的胃部，这也许是因为很多毒素都是从这里进入身体的吧。一旦胃部受到任何形式的损伤，它就更容易对平时可能不会引起任何危害的食物作出反应。病原菌和致病酵母也可能会促进这种免疫反应。这种胃部问题也有可能由抗生素的过度使用引起，因为过度使用抗生素会把重要的细菌和有害的细菌一起清除掉。就凯蒂的事例而言，她的耳部感染已经有很长一段时间了，而抗生素的使用是她肠道里的酵母菌过度生长的主要原因，这反过来又妨碍了重要的酶给大脑提供养分。

总之，大脑的内部环境对大脑有很大的影响。如果大脑某部分发炎，那么大脑就会因为缺乏新鲜的空气和营养而受伤、受损，而大脑系统就会经常在警惕状态下作出反应。这种情况，可能不仅是因为我们暴露于外部的实体，而且也是由我们自己的生活方式造成的。就像保养一辆好车，我们有责任为其提供清洁的环境，让它以最佳的状况运转。

在过去的几十年里，人们越来越关注周围环境中已经超过可接受程度的毒素。现在，大概有5万~10万种合成化学药品用于商业生产，且平均每天就有3种新的人工合成材料进入商业领域。关于这些化学药品是如何影响人类神经的问题的，到现在还没有得到充分的证明。然而，这些数据已经有力地表明了我们都易于受到神经损伤和自身免疫反应的影响。孩子们对这些东西更加敏感，而且因为他们比较幼小，往往接触地面更多，因此，他们更容易受到伤害。

你的大脑受到污染了吗

既然在我们周围的大部分环境里都充满着有毒物质，很可能一些毒素正在干扰着你的大脑功能。在你开始过度反应之前，回顾一下有关症状的清单，这将对你有所帮助。下面这些症状与暴露于外部环境而出现的各种形式的毒素污染和免疫功能紊乱一致。在下面与你或你的有认知问题的朋友或家人相符的症状后面打钩。

如果你打钩的症状超过两三种，也许你该调查一下你周围的环境，看看你受到了下面哪些物质的侵害。有可能是新房子里油漆或地毯散发出的看不见的毒性气体。很多人有过敏反应，从而造成组胺在大脑里累积。新衣服和床单通常也会引起这些问题。另外，旧房子通常会有带铅的油漆或铅管，它们也会引起一些反应。

毒性问题清单

症　状	是否存在
1. 不停地流鼻涕，尤其是在室内	（　）
2. 皮肤非常敏感或有皮疹（对衣服标签有反应）	（　）
3. 眼睛痒痛或变红	（　）
4. 打喷嚏	（　）
5. 做深呼吸有困难	（　）
6. 脉搏很快	（　）
7. 紧张程度不断增加	（　）
8. 易怒	（　）
9. 耳朵或脸颊变红	（　）
10. 胃痛，尤其是饭后	（　）
11. 胃肠气胀或有肠道炎	（　）
12. 便秘或痢疾	（　）
13. 阅读时难以集中注意力	（　）
14. 记忆力减退	（　）
15. 对情感的控制力降低	（　）
16. 贪吃，特别想吃酱油或玉米糖（糖浆）	（　）
17. 有睡眠问题	（　）
18. 在组织工作或区分工作重要性方面存在问题	（　）
19. 越来越好斗	（　）
20. 精力衰退	（　）

仔细观察下面这些表格及经研究证明的这些物质对认知问题造成的直接影响。注意，有的存在一些相同的症状，而且这些物质可能与荷尔蒙失调相互作用，从而产生多种副作用。例如，暴露于铅环境中常常和甲状腺相互作用，单单这一个原因就可能引起精力不足、沮丧和认知能力低下。

重金属环境对认知能力的影响	
镉 （常见于工业废品中）	运动神经官能障碍 智商降低 异常活跃 活力不足
铅	学习障碍 智商降低 冲动 注意力缺失 异常活跃 暴力
锰	大脑损伤 运动神经官能障碍 记忆力衰退 注意力缺失 强迫症
汞	视力损伤 无学习能力 注意力缺失 运动神经官能障碍 记忆力损伤
溶剂环境中认知能力的影响	
乙醇 （酒精）	学习障碍 注意力缺失 记忆力衰退 饮食、睡眠失调 思维迟钝

苯乙烯	活力不足 缺乏抑制力
甲苯	无学习能力 语言缺陷 运动神经官能障碍
三氯乙烯	异常活跃 缺乏抑制力
二甲苯	运动神经官能障碍 学习障碍 记忆力衰退

杀虫剂环境对认知能力的影响

有机氯杀虫剂、滴滴涕	异常活跃 精力、努力程度降低 协调能力降低 记忆力衰退
有机磷酸酯 （包括脱氟磷酸酯、毒死蜱、乐斯本和二嗪农）	异常活跃 注意力缺失症 模仿能力降低 听从指令的能力降低
合成除虫菊酯 （包括生物烯丙菊酯、溴氰菊酯和氯氰菊酯）	异常活跃 注意力问题

其他常见物质环境对认知能力的影响

尼古丁	异常活跃 无学习能力 发育迟滞

二氧芑	无学习能力
聚氯联二苯	无学习能力 注意力缺失 异常活跃
氟化物	记忆力衰退 异常活跃 智商降低

你可以看到，我们生活在一个腐蚀性十分严重的环境中，我们的大脑正遭受着其中最糟糕的一部分物质的毒害。这些有害的成分就存在于我们呼吸的空气中、饮用水里、食物里和我们睡的床上。由于孩子们乘坐的校车排出不少废气，他们吸入的被污染的空气是成人的 15 倍。随着工业区的增加，人们接触到越来越多的有毒物质，而农民接触得越来越多的是使用了化肥和杀虫剂的农产品。我们很难避开这些物质，但积极性很高的人可以通过教育来防范这些有害物质。

身体毒素的清道夫

我不赞成你们犯自己诊断自己症状的错误，我竭力建议你们去自己的医生那里看看你或你的孩子是否已经接触到这些有害成分。但是，你要明白，诊断的程序很多，但却很少有可靠的。既然大多数有毒化学物质都是以脂溶性物质存在的，那么，它们通常是隐蔽的，在淋巴腺甚至在血液中也常常检验不到。医生通常会建议你做毛发化验，因为毛发细胞里会有这些残留物，但反复的试验证明这种方法也是靠不住的。

我们使用的测试方法是采集服用螯合剂两天后的小便样本，由 Great Smokies 实验室对其进行化验。"螯合作用"是一个术语，通常指把代谢化合物和金属分子结合起来，以便使它们稳定，并让它们在没有与身体发生进一步相互作用的情况下排出体外，这样就达到了清除金属元素的目的。在早些时候，通过让整个血液循环系统发生螯合作用来清洗心血管系统分很多步骤，现在还有人提倡这种疗法。然而，现在在这方面已经取得了进一步发展，我们在心理神经改变中心 (Centers for Psychoneurological Change) 使用的是口服螯合剂——二巯基丁二酸钠 (DMSA)，以便让那些有毒物质得以通过尿液排出体外。

不管用什么方法，为了找到合适的治疗手段，你首先必须知道你要处理的是什么问题。由于很多人在家里和工作场所持续地接触有毒物质，也许需要反复进行化验才知道是否取得了疗效。这些讨厌的有毒化合物可能会给人带来很多痛苦，而且由于它们都很常见，所以可能需要复诊和定期体检。

影响注意力的原因

可能的原因	概念化	集中注意力的能力	转移注意力的能力	保持注意力的能力	记忆力
营养不良		是	是		
暴露于铅环境中				是	是
胎儿酒精综合征		是		是	是
寄生虫感染	是	是	是	是	
缺乏智力启发			是		

[资料来源于对具有注意力问题的孩子长达 30 年研究回顾的《注意力缺失症疾病分类》(A Nosology of Disorder of Attention)，作者是艾伦·米尔斯基 (Allan Mirsky) 和美国心理健康学会 (NIMH) 的康妮·邓肯 (Connie Duncan)，《纽约科学院年报》(Annals of the New York Academy of Science)，2005]

激活体内的自然清洁酶

在减少身体里的有毒物质方面，很多医学专业人士比我做得更出色。心理神经重塑中心 (PNP Center) 的安德鲁·梅沙莫尔 (Andrew Messamore) 博士建议这样治疗：使用二巯基丁二酸钠 (DMSA) 两天，停药两星期，在这两星期内继续服用复合维生素和无机元素，这就是一个疗程。完整的治疗大概需要 4～10 个疗程。

在排毒过程中，还要使用另外一些物质辅助治疗 (用标签上建议的剂量，当然，在开始新的疗法之前，无论如何都一定要请教医生)，它们是：

1. 乳蓟：用做护肝剂。

2. 葡萄糖二酸盐钙：一种葡萄糖酸钙盐，能使毒素和甾类激素净排出的概率增加。

3. N-乙酰-L-半胱氨酸 (NAC)：可显著提高动物体内尿甲基水银的排泄速度，减少对肝的损害。

4. α-酮戊二酸盐 (AKG)：有助于患瑞特综合征 (Rett Syndrome，是一种常发生在女童身上的神经系统疾病，其特征是患者出现类似自闭症的行为、运动控制能力的丧失、呼吸不规律以及骨骼问题。患瑞特综合征的女童通常在 18 个月后才表现出明显的症状。——译者注) 的孩子体内结肠尿素合成的氨的排毒，是一种非常有效的抗氧化剂。

5. 甲基磺胺甲烷 (MSM)：一种用于排毒的天然硫磺化合物。

6. 牛磺酸：一种能引起条件反应的基本氨基酸，可以抑制大脑里的儿茶酚胺氧化物。胆汁盐的形成是一种清除毒素的重要方法，而它的形成也需要牛磺酸。

7. 蛋氨酸：一种常见于动物蛋白质中的含磷的氨基酸，它有助于清除体内的重金属并将重金属从尿液中排泄出来。

8. 胆碱：一种神经传递素和新陈代谢增强因子，对细胞层面的排毒非常重要。饮食中缺乏胆碱的人常患肝病。

9. 无水甜菜碱：也叫三甲基甘氨酸，它是胆碱中的一种主要代谢物。甜菜、菠菜和海产食物中通常含有少量的无水甜菜碱。

10. 硒：有助于一种主要的抗氧化酶的合成，而这种抗氧化酶有助于排除产生于细胞内的一种叫做过氧化氢的毒素。

神经治疗补充剂

营养物质对人类大脑结构和功能的直接影响正在由调查研究者和临床医学界快速地进行鉴别和阐释。在过去几十年，尤其是近10年的研究中，脑谱图显示了大脑工作时的清晰图像，一个为营养补充剂及其重要性提供科学证据的框架正在出现。最重要的是，很多古老的智慧和临床的直觉都得到了证实，这使得那些智力减弱的人可以通过特别的营养物质和植物性药材来恢复原来的智力。

下面列举了一些已经被证实对存在由毒性引起的神经问题的人有益的补充剂，因此，这些补充剂可以被看做是具有治疗功用的物质。它们当然可能产生很好的效果，不过我们强烈建议你接受医学专业人员的指导，以便取得最安全快捷的效果。(参考标签上标明的剂量。)

1. **乙酰基肉碱可用于改善很多种神经问题，包括提高记忆力、集中注意力和改善心情等**。它是一种由身体自然产生的物质，可以增强细胞能量，充当脂肪酸在细胞质和线粒体之间传递的工具。

2. **辅酶Q10(也叫CoQ10或辅酶)可用于改善情绪和记忆力**。它已被证明可以提供抗氧化剂，也可作为一种细胞膜稳定剂和使营养到达大脑的代谢增强因子，它还是细胞能量的来源。虽然动物食品里含有辅酶Q10，但被人体消化的数量不能达到治疗的需要。

3. **左旋茶氨酸(谷酰基乙胺)可在经受创伤或巨大压力时使用**。服用这种物质可以使人进入一种宁静而放松的状态，但日间的警戒状态并不会减弱。左旋茶氨酸已从生物学的角度被证明可以增加大脑中 5-羟色胺和(或)多巴胺的浓度。这两种物质都有助于健康和积极情绪的形成。当大脑处于混乱状态或经受创伤(心理的或身体的)时，这些症状在阿斯伯格综合征(Asperger's syndromes，一种主要以社会交往困难、局限而异常的兴趣行为模式为特征的神经系统发育障碍性疾病，在分类上与孤独症同属于广泛性发育障碍。——

译者注）和孤独症中也普遍存在，左旋茶氨酸液可以用来延迟神经死亡。这种成分是在绿茶中发现的。

4. **肌肽是一种用于促进额叶功能（提高注意力的集中程度）的天然物质，而且具有保护大脑的作用。** 经研究证明，这种物质可以改善有孤独症特征的人的词汇能力和组织能力，这就给其他在词汇能力和组织能力方面出现问题的人带来了希望。有趣的是，据资料表明，肌肽也可以发挥出调节酶的活性的神经传递作用，比如螯合重金属。

5. **西洋参(200毫克)和银杏(50毫克)的化合物可以大大改善过动、冲动行为以及与社交障碍有关的高度焦虑或羞怯的症状。** 使用最大剂量时，记忆的质量有所提高；使用中等剂量时，注意力集中的速度也会有所加快。

6. **每天120毫克～240毫克剂量的银杏酚可以改善记忆力减退、沮丧和耳鸣等症状。** 尤其是当这些症状跟创伤有关时，它可以作为一种自由基清除剂(free-radical scavenger，一种可以预防疾病的主要的酸。——译者注)，但是可能对类胆碱功能系统有直接的影响。这可以说明其对急性和慢性认知缺陷所具有的积极作用，这些益处似乎吸引了很多支持者。然而，必须强调的是，你应该买那种药用的银杏酚，因为银杏酚不是一种经过政府鉴定的物质，尽管标签上声称含有银杏成分，但市面上出售的非药用产品中大概有30%完全不含此种成分，大概有20%的产品中只含有一点银杏成分。尽管有这种警告，但这种物质本身仍然会带给你下面这些益处：

提高记忆力

增强学习能力

增强对受到破坏的平衡性的修复能力

钝化致毒基

保护神经（大脑防护物）

放松作用

7. **西洋参（花旗参）可以提高中枢神经系统（大脑和脊髓）的活力、减少疲劳和增加肌肉活力。**人参具有抗抑郁、镇定、抗痉挛、止痛、退热和防溃疡的作用，而且已被证明可以抑制焦虑和沮丧。它与毒性有趣的关系使它具有消炎的功效，并能增加胃肠活力，从而缓解便秘症状。当西洋参和人参（中国人参）一起服用时，可大大减少注意力缺失的症状。人参已被证明能对患有慢性疲劳综合征的人的免疫细胞产生有益的效果。慢性疲劳综合征是患有注意力缺失症和孤独症的人所要经受的一种痛苦。

洗脑的天然方法

本章开头提到的是可能发生的寄生虫群的袭击，以及这种情况对你的整体健康的负面影响。如果你想知道结肠是如何与身体的内部环境相处的，我建议你去读一篇由卡尔·齐默(Carl Zimmer)发表在 2000 年 8 月《发现》(Discovery) 杂志上的文章——《寄生虫统治这个世界吗？》(Do Parasites Rule the World)，这篇文章警告说："每一种活的生物里至少有一种寄生虫。"看到这些面目可憎的生物生长在人体内，可能会把你吓倒。

这也许会促使你去看医生，做一个大便标本化验，以排除体内有任何寄生虫的可能性。很多经常做结肠清洗的人有力地证明了他们的生活是怎样因此而改变的。

洗脑的天然食物		
亚麻子	茴香籽	欧亚甘草根
芦荟	葡萄柚果胶	木瓜果
赤榆皮	蜀葵提取物	大黄根
紫花苜蓿	瓜尔胶	胡椒薄荷
姜茶		

除了天然的补充剂具有减少体内难以对付的污染物的好处之外，还有一些传统的方法对清除水溶性的毒素尤其有用。它们通过汗腺、尿液和其他的自然过程帮助身体清除毒素。我自己调查发现，通过这种方法，很多人，特别是印第安人和东印度人，体内的毒素有所减少。但是，在西方医学里，这些方法并不常用。尽管如此，我还是把它们列在这里供你参考。

排毒的传统方法

热桑拿，尤其添加芝麻油或杜松油时
体育锻炼
按摩，尤其是让知道怎样帮助淋巴腺释放能量的按摩专科医生按摩
柠檬水
纤维含量高的饮食
咖啡灌肠

7岁的卡尔是一个长得特别俊秀的男孩，父母都非常聪明。卡尔2岁的时候就被诊断出患有轻度的孤独症。这个诊断结果是以他的社交技巧差、行为固执和学习技巧差为依据的。

虽然卡尔在某些方面很有成就，但是由于缺乏有效的交流，他遇到了障碍，并且表现出幼稚的动作和行为，如紧张时会鼓掌和摇晃。他不能长时间坐着不动，甚至不能安静地坐着做完一次定量脑电图，因此，我们对他进行了毒性生物化验。

化验结果令人吃惊，卡尔身体里铅的含量是被认为是可以接受的含量的24倍之多。他的器官竟然还能活动，我们都感到很惊讶。通过6个月二巯基丁二酸钠的螯合疗法，他体内铅的含量大大降低了，他的行为也随之改变。他可以更容易地处理信息，但是，他反叛的本性并没有改变。我不得不和他及他的家人一起，再花6个月的时间找出控制其行为的有效方法。在上一次

的记录中,他和学校里的同龄人一起,正在适应一种"正常的生活"。我之所以提及卡尔的故事,原因有两个:

1. 证明孩子很有可能接触到金属毒素,即使他们生活在"清洁的"环境里。

2. 即使毒素已经从大脑中清除,如果他们曾有一段时间因为焦虑和压力采取了补偿行为,那你可能得从这些行为开始做调整治疗。虽然这并不意味着行为问题将永远存在,但是,如果一个孩子很小的时候就经受过这种创伤,那么,在日后的成长中,他(她)将仍然需要学着为其行为的后果作出更加有效的选择。幸好,"清洁过"的孩子具备作出调整所需的心理资源。

延伸阅读

科学家们最近才注意到这一事实:大脑的毒性可能是引起从注意力不集中到长期疼痛感这些认知问题的主要根源。对现代医学来说,这是一个令人兴奋的进步。我相信,大脑的毒性也是造成其他问题的因素之一,如战后精神创伤和工人生产率等问题。

我相信,通过作出一些相对简单的调整,很多人可以改善他们的生活,并取得新的成就。如果你不能发挥出全部的智力,那么你就等着经受心理的、生理的,甚至是精神的煎熬吧。你需要大脑这个重要的器官发挥其全部的功能。在这一章里,我已经就如何给你的身体系统"充电"和改变你的生活举了一些例子,并做了一些指导。

但是,我们还有很多事情要做!所以,请继续读下去,保持氧气的流动,让你的大脑保持活跃!

第4章

Nurturing Your Intellect Through Brain Fuel

健脑食物

THE IQ ANSWER

一想到要对付那些有问题的青少年，成年人往往会不寒而栗。我爱他们。这些挑战很刺激，效果也很惊人。我大部分时间都在和青少年打交道。有问题的青少年，特别是那些因为酗酒和滥用毒品而苦苦挣扎着完成学业的青少年，是我接收得最多的病人。其他人常常把他们称为"社会的败类"，而他们却反过来接受了这种为"大众"所轻蔑的受害者的角色。

对于吸毒和酗酒的青少年基本上都是采用那种被实验证明过的 12 步可靠训练法 (12-step program) 来治疗的，这种方法被用来治疗瘾君子和酗酒者已经有很长时间了。我必须承认，在我职业生涯的早期，这种训练法已经作为一种治疗方法在使用了。我认为这是一种非常可行的方法，它可以增强年轻病人的意志力，使他们能够把充足的精力转移到更加有益的目标上来。

但是，标准的治疗模式有时候也不适合所有的情况。因此，一个有爱心的心理学者必须使他的治疗方法符合病人的需要。然而，让我感到困惑的是，许多孩子必须等到取得了较大进步，能够为自己的生活作出重要选择的时候才愿意接受 12 步训练法。刚开始练习 12 步训练法时会遇到很多难题，它要求练习者确定他们的目标和坚定内心的精神信念。但是，我们常常发现，那些严重上瘾的孩子还没做好准备进行那种深入的思考。他们在接受了 7 天的解毒后来见我们，通常脑子仍然处于被那个艰辛的解毒过程搞得一片混乱的状态中。因为他们脑子里还堆积有太多的"垃圾"，即便是只练习完一步的时间或机会都没有，更不用说 12 步了。药物和酒精的滥用会导致疾病，因为身体受到生物性的损伤，需要恢复。

毒品和酒精会使大脑受到损伤，从而停止运转。这种创伤可能会延续很多年。难怪酗酒者和瘾君子重犯的概率高得如此惊人：即使接受最好的训练，他们重犯的概率也达到 60% ~ 90%。让人上瘾的物质会在神经系统内继续存留数月。这是一场非常艰苦的斗争,很多人都没能成功。在寻找一些对这些年轻人有帮助的方法时,我发现战胜他们的瘾只是第一步。

如果从整体上看这些人,而不是只把他们看成瘾君子,我发现这些孩子几乎所有都营养不良。不是他们没吃东西,而是,很多孩子在饮食上都偏离了主菜单。

青少年的食物杀手

早餐　谷物类食品、水果、油炸圈饼或糕饼、燕麦片和吐司面包
午餐　三明治、热狗或炸鸡
晚餐　比萨饼、汉堡包、奶昔或任何他们能够买到的东西

这看起来也许就是典型的青少年饮食,你可以想象,当我接管厨房,把他们原来的菜单颠倒过来,采用弗兰克博士的饮食计划时,这些青少年病人脸上那种震惊和绝望的神情。

青少年的排毒饮食

早餐　煮鸡蛋、全天然花生酱吐司、水果松软干酪、脱脂乳或咖啡
午餐　金枪鱼、西红柿、香蕉和高蛋白活力棒
晚餐　煮胡萝卜、烤土豆、水果味酸奶、牛排或烤鸡肉

我的病人对我插手他们的饮食感到恼怒,但我尽力使他们明白我的用意。他们不是饭店里的客人,医治他们是我的责任,我将根据他们的需要而不是他们的渴望来对待他们。我告诉他们我信任他们,我认为他们是聪明的孩子,只不过他们没有作出明智的选择。我告诉他们,要想改变自己的生活,他们就必须补充适当的营养。

大概只用了 3 天,他们就看到了一线光明,至少随着毒素排出体外,他们开始感到自己更加健康了。这时,我们开始取得很大的进展。他们对毒品

或酒精的依赖消失了，觉得精力充沛。他们中的一些人甚至组成了一个乐队。他们的脑子里充满了各种各样富有创造性的想法。如果套用一句我们这些衣着随意、喜欢吸烟的精神病专家的行话，那就是："他们让人震惊！"

我现在仍然收到一些以前有问题的青少年的来信。我和他们都觉得在那段时间里受益匪浅。这些青少年全部戒掉了毒瘾。我相信，这种训练方法之所以会有用，是因为我们给他们治疗时让他们知道怎样去摄取合适的营养，这使得他们的大脑和身体恢复协调。我们给了他们力量去发现他们的最大潜能。

自我评估：大脑的营养状况

的确，引起大脑机能障碍的原因有很多，而营养是主要的原因。生活中既有对大脑有益的食物，也有对大脑不利的食物。要评估你的大脑是否在发挥最大的潜能，请做下面这个测试。这些题目显示的是营养不均衡的症状。用"总是"、"有时"或"从来没有"来回答你是否经历过下面的情形。

1. 白天有时候我感到虚弱，精力大减。

    总是　　　　有时　　　　从来没有

2. 白天想吃糖或甜食。

    总是　　　　有时　　　　从来没有

3. 如果没有什么让我兴奋的事，或者我不能把心思转移到一件特别感兴趣的事上，我就会感到沮丧。

    总是　　　　有时　　　　从来没有

4. 我健忘，特别是在早上。

    总是　　　　有时　　　　从来没有

5. 我的早餐含糖量很高，一天的其余时间都觉得饿。

    总是　　　　有时　　　　从来没有

6. 读书或看远处时我会戴眼镜。

    总是　　　　有时　　　　从来没有

7. 我难以集中注意力。

总是　　　　　有时　　　　　从来没有

8. 我难以入睡。

总是　　　　　有时　　　　　从来没有

9. 我经常感到有压力，但是我不知道是什么让我感到有压力。

总是　　　　　有时　　　　　从来没有

10. 虽然我口渴，但我每天喝的水很少，只喝一些可乐和其他精制的饮料。

总是　　　　　有时　　　　　从来没有

11. 我对毒品和酒精非常敏感。

总是　　　　　有时　　　　　从来没有

12. 我沉溺于担忧之中，总是去想可能发生在自己或我所爱的人身上的不好的事。

总是　　　　　有时　　　　　从来没有

13. 我感到没有任何根据的不理智的恐惧。

总是　　　　　有时　　　　　从来没有

14. 我胃痛，且有其他消化道问题，如便秘或痢疾。

总是　　　　　有时　　　　　从来没有

15. 我感觉自己衰老得过快。

总是　　　　　有时　　　　　从来没有

16. 我的关节和肌肉疼痛。

总是　　　　　有时　　　　　从来没有

17. 我的心情几乎每天都摇摆不定。

总是　　　　　有时　　　　　从来没有

18. 我的心境和态度好像总是跟别人不一样，我为这些不同感到愤怒。

总是　　　　　有时　　　　　从来没有

19. 即使有更营养的食物可以吃，我还是觉得油炸食物是我唯一能吃或喜欢吃的东西。

总是　　　　　有时　　　　　从来没有

20. 我的精力有限，很快就会感到虚弱。

总是　　　　　有时　　　　　从来没有

📄 **计 分：**

每个"总是"得2分，每个"有时"得1分。将分数加起来，如果你的总分超过4分，那么，这表明营养是影响你大脑潜力的一个重要方面，如果你的总分超过10分，这有力地说明了你非常需要进行营养方面的会诊，以防范严重的智力受限。

让大脑饥饿一点

饮食专家一向反对糖和脂肪。关于"什么是健康的，什么是不健康的"这类信息往往是相互矛盾的，公众通常对此迷惑不解。即便是心脏科专家，对心脏病最好的预防方法也存在争议。致力于医治糖尿病的医生和营养学家也很少在营养治疗方案上达成一致意见。糖尿病患者常常需要得到更多的关于食物成分方面的知识，因为有些人说某些食物引发糖尿病的可能性很大。

有证据表明，经过高度加工的食品会造成健康问题。我是吃健康食物、过健康生活的支持者。我担心的是，太多的污染物进入到食物中来。吃什么就是什么，你的饮食决定了你的健康状况。

你所吃的东西可能会让你在不知不觉中深受其害。我们的饮食问题并不是新问题。这些问题涉及到我们饮食中的很多主要食物，如糖，自从18世纪早期以来，我们一直在吃这种"白金"般的东西。那时，贵族们想吃糖，就强迫奴隶们为他们生产。早期的营养学和医学方面的先驱意识到，不明智的食物摄入，如糖和某些动物制品，可能会造成一些健康问题。20世纪初，他们建立了专门的矿泉疗养地和诊所，倡导把更明智的营养搭配作为治疗健康问题的一种方法。约翰·凯洛格(John Kellogg)医生是其中的一位先驱。他在密歇根州的巴特尔克里克市(Battle Creek)建立了一个重要的营养中心，患肥胖症和相关疾病的人会去那里寻求帮助。你可能猜想到了，凯洛格医生倡导把谷类食物作为一种健康食品。(这是发生在Froot Lopps牌和Count Chocula牌谷类食物上市之前的事。)

后来，凯洛格的一个叫 C.W. 波斯特 (C. W. Post) 的病人突然产生了在谷类食物上涂上糖的想法。于是，谷类食物的味道变好了。波斯特烤面包片是最先取得成功的波斯特牌谷类食品之一。凯洛格医生的兄弟 W. K. 凯洛格 (W. K. Kellogg) 把它提高到了一个新的层次，在谷类食品的糖层外面再加上一层甜的涂层。这种做法让他的生意很红火，但这对于典型的美国饮食来说是有害的。

西尔威斯特·格雷厄姆 (Sylvester Graham) 是维多利亚时代的另一位营养倡导者。他信奉戒酒和吃蔬菜。他怀疑糖、酒精和动物脂肪会对大脑造成损伤。他发明了一种用没有筛过的小麦制成的"饼干"，后来以"格雷厄姆饼干"命名，这种饼干成为一种很受欢迎的食品。但是，这种东西也被糖和防腐剂破坏了，成为一种不健康的食品。

谷类食品和格雷厄姆饼干都被善意地变成了不健康的食物。就这一点而言，它们都是具有代表性的。如此多的食物在生产链中的某个环节受到了破坏，变成了有害的食物。难怪我们的国家现在变成了一个对垃圾食品情有独钟的国家，而且我们的世界也正在变成一个对垃圾食品情有独钟的世界。在过去的50年里，由于错误的选择，我们增加了对碳酸盐的消费，却减少了对健康的蛋白质的消费。而现在，我们正在为那些错误的饮食选择付出代价。

糖是一种天然的成分。然而，我们却是在以不利于健康的数量来消费它，而且常常不是以其天然的形式去消费它，这使得我们的身体很难以健康的方式处理它。所有天然的物质都是如此。马铃薯是天然食物，炸薯条就不是天然食品了。

假设一起床你就吃果酱甜甜圈和橙汁，别忘了你的身体在你睡觉的10～12个小时内(但愿有那么久)滴米未进，因此，你是在停止夜间的节食(早餐breakfast这个单词就是这样来的: break,意为中断; fast,意为节食。——译者注)。吃了这些果酱甜甜圈和橙汁后，你就把大量的糖输进血液。你的身体不能处理那么多的糖，它就会使你的血糖迅速升高，破坏肾脏甚至血管的正常功能。对于这种不自然的糖含量，身体的自然反应就是生成胰岛素。

胰岛素是一种与血糖结合在一起的物质，它有助于把血糖传送给身体里的各种器官、肌肉和大脑使用。没有胰岛素的帮助,血糖就只能淤积在血液中,从而引起各种各样的问题,糖尿病就是这样出现的。当你以很高的比率把糖输进身体时,胰腺细胞分泌的胰岛素就会尽量地抽吸糖分,以便尽力把血糖的含量减少到安全的状态下。而状况不佳的胰腺往往不能持续地这样做。

这可不是一件好事情。如果胰腺在尽力处理你身体里的糖含量时体力不支,你体内胰岛素的含量就会像坐过山车一样时高时低。然而,如果你早上给自己提供的饮食是更加"天然"的、糖和蛋白质比例均衡的食品,那么,你就给身体提供了所需的养分,而没有使它负担过重。膳食平衡时,你身体里的糖分就不会高,就可以避免高糖引起的能量和智能的巨大改变。饭后20分钟,血液中氨基酸浓度升高,胰岛素分泌也增加。但是,如果产生的胰岛素过多,它也会把你储存起来的血糖带走,使你身体系统的机能急剧下降,这就叫做血糖降低反应。不用浪费时间多作解释,这种反应可能会使特别敏感的人进入昏迷状态。

由于你的大脑不能储存糖,而它又比身体里其他任何器官都更需要糖,因此,在血糖降低的时候,它就得不到血糖这种养分。因此,你可能会不记得自己的名字。或者,正如我的写作导师玛吉·鲁宾逊(Maggie Robinson)所说:"如果早上你不摄入合适的蛋白质,你很快就会开始说话跑题了。"

血糖降低时,你把过量的糖分输进你那个已经受损的身体里面,这并不会起作用。当你跌跌撞撞地走出房间,狼吞虎咽地吃下士力架(Snickers)巧克力的时候,你确实可以得到另一种狂喜,但是,这只是乘坐另一辆过山车经过的第一个下坡。如果你继续给胰腺施加压力,它可能就会崩溃,你就很可能会患上糖尿病和心脏病,这两种病都会永久性地损伤大脑。

我和很多人一样,都喜欢士力架巧克力。但是,如果你知道糖是如何在身体里起作用的,你就会明白为什么只吃适量的士力架巧克力是一个明智的选择了。高热能会把蛋白质和其他物质转化为糖,这就是为什么你吃的牛排里的脂肪会变成你体内有毒的糖的缘故。一旦烟草进入血液,它也会变成一种糖。不管是什么东西,即使是蛋白质,如果吃得太多的话,都将使其含量达到最大限度,然后身体就会开始把蛋白质转变成血糖。

7种健脑魔力食品

还有其他的营养问题会阻碍我们把所吃的食物变成对身体有用的养分。为了延长保质期，食物中常常会添加防腐剂。但是，防腐剂本身会削弱身体分解消化食物的能力。我不想向食品行业开战，但是，我想让你发挥出你的全部潜能，要做到这一点，你必须明智地选择食物。

有7种主要的"食物"对发挥大脑的最佳功能必不可少。有些好像是非常基本的常识，但是这些常识却一点都不寻常，因此这些东西值得重提。你也许会对现代科学对这些"基本的"健脑食品进行的一些研究感到惊讶。看看下面这些东西，但不要认为我的话就理所当然是正确的。用下面这些食物、补充剂和任何你想尝试的东西来做一下测试。

1. 水

市面上包装精美、价格不菲的瓶装水深受大家的喜爱。虽然我觉得这种东西并不具有吸引力。但是，水是大脑神经传输的主要刺激物，应当受到重视。虽然水的成分（取决于产地、所含矿物质等）有明显的区别，但好像没有一种水在提高智力方面具有特别的优势。至于味道和纯净度，你就根据自己的喜好选择吧。

我要提醒你的是，某些地方的自来水中氟化物的含量很高。氟化物会使你的身体更快地吸收铝，而铝则是与大脑机能障碍相关的最致命的金属之一。铝的摄入与阿尔茨海默氏症和其他类型的痴呆症显著相关。有些方法能使喝水变得更加吸引人，如加一些柠檬和少量的天然果汁会使水的味道更加可口。我建议喝水的量（以盎司计算）是体重值的一半。如果你的体重是150磅，那么你每天的饮水量就应该是75盎司。

2. 天然碳水化合物

这里的关键词是"天然"。正如前面所说，太多不天然的糖会干扰新陈代谢的平衡，耗尽大脑的能量。天然碳水化合物包括整粒谷物食品、水果和蔬菜。在吃这些东西之前，不要将它们加热。炒西红柿已经不是西红柿了，热量使它发生了化学变化，而且它释放出来的糖对人体弊大于利。

3. 抗氧化剂

简单地说，你只需要了解这一点，当大脑被酒精和香烟这样的东西损伤时，它就会释放出"自由基"。这些自由变动的物质使身体无法有效地利用氧气。在"氧化"中，事情就变得糟糕起来，结果当然是有害的。观察在铁表面形成的锈或变质的食物，你就能看到以其他形式出现的这种反应。

> **权威链接**
>
> 维生素 B_6 对解决很多种健康问题的益处是有大量的文献作为依据的。然而，纯维生素 B_6 不能进入大脑，因为一种抵抗某些有毒补充剂的屏障会阻止它们进入大脑区域。一种叫P5P的补充剂中所含的维生素 B_6 可以通过大脑屏障，从而有助于神经健康。

因为大脑比人体其他器官消耗的氧气更多，所以它最容易受到氧化的影响。为了保护你的大脑，你要吃一些抗氧化剂。主要的维生素抗氧化剂是维生素C、维生素E、维生素 B_6 和维生素 B_{12}，还包括硒、锌、钙和镁。

直接的补充剂可以形成很多抗氧化剂，下面就是日剂量的基本原则。

抗氧化补充剂	
维生素C	每日250毫克
维生素E	每日200国际单位
α-类脂酸	每日20~50毫克
维生素 B_6	每日50毫克
维生素 B_{12}	每日50毫厘克
钙	每日260毫克
镁	每日160毫克

请注意这些剂量可以根据你的年龄、体重和需要作出改变。与专业的医生商量一下，确定你的需要量是多少。如果你想更进一步增强智力，或许可以安全地把剂量增加1倍。但是，再说一遍，最好请教一下你的营养专家。

纯抗坏血酸维生素C能比弱式维生素C更有效地越过大脑屏障到达大脑。

补充剂已经被证明可以增强各种的功能。但是，真正的食物仍然是获取营养的最佳途径。因此，我推荐下面这些食品作为抗氧化剂的主要来源。

抗氧化天然食品

甜　菜	红　提	蓝莓、树莓	红辣椒
菠　菜	洋李干	柑橘类水果	甘　薯
胡萝卜	西红柿	洋　葱	椰　菜
芦　笋	白　菜	抱子甘蓝	豆　类
西　瓜	麦　芽	坚　果	

4. Ω-3 脂肪

Ω-3 脂肪是一种很好的健脑食物。它们更多的是以脂肪酸或"优质脂肪"这些名字而为人所知。"Ω"这个词指的是脂肪的类别，而这类脂肪就是大脑和神经细胞用做自己的绝缘体的东西。这类脂肪之所以优质，是因为它们可以增加神经冲动和链接。Ω-3 脂肪也被用来抵抗沮丧、促进学习和提高记忆力，并作为大脑重塑 (brain plasticity，一种为提高神经传输效率而重新塑造大脑结构的方式。——译者注) 的主要助手。

你可以在健康食品商店买到 Ω-3 油，它们已被证明没有任何副作用。我极力推荐"磷虾油"(Krill Oil)，这是一种从虾和其他海洋生物中提取的油。食物中的 Ω-3 脂肪分为 3 种：α-亚麻酸 (ALA)、二十碳五烯酸 (EPA) 和二十二碳六烯酸 (DHA)。α-亚麻酸主要存在于植物类食物，如亚麻、大豆和蔬菜中。这些物质在体内被转换成二十碳五烯酸和二十二碳六烯酸。二十碳五烯酸和二十二碳六烯酸存在于鱼类中。每星期两次，每次吃4条鲑鱼，就可以为身体提供 5 克 Ω-3 脂肪，相当于上面所推荐的健脑食物的量。

不是所有的鱼都含有这么多的 Ω-3 脂肪,因此下面这个表列出了各种鱼类所含的 Ω-3 脂肪的量,供你参考。

每盎司中 Ω-3 脂肪含量最高的鱼 *	
沙丁鱼	3.3 克
鲭鱼	2.5 克
鲑鱼	1.8 克
鲱鱼	1.7 克
金枪鱼	1.6 克
湖红点鲑	1.6 克

5. 叶 酸

叶酸是 3 种可以减少和对抗损害大脑和心脏的蛋白质高半胱氨酸的复合维生素之一 (另外两种是维生素 B_6 和维生素 B_{12}。——译者注)。高半胱氨酸是一种会损害动脉内壁,使内壁变厚变窄的氨基酸,它会引发心血管疾病,而心血管疾病又会导致中风、沮丧、痴呆症,甚至可能引发阿尔茨海默氏症。

你可以在大多数的保健食品商店中买到叶酸、维生素 B_6 和维生素 B_{12}。叶酸也可以从深绿色叶类蔬菜中获得。利马豆、花椰菜、牛肉、鸡蛋和坚果中也含有叶酸。

6. 维生素 B_1

维生素 B_1 有助于制造乙酰胆碱——大脑主要的"信使"之一。它会引发一个有助于大脑更好地利用所获取的食物的过程。即使你只吃"健康"食物,如果食物中缺乏维生素 B_1,这种食物就没有什么益处。坚果和全谷食物中含有丰富的维生素 B_1。

---

* 摘自 Nettle, J.A. 1991.Ω-3 脂肪酸:植物和海产食品比较 (Omega-3 Fatty Acids: Comparison of plant and seafood sources). *Journal of the American Dietetic Assn.* 91:331-337

7. 维生素 D

这是一种阳光维生素（由于人体内的维生素 D 可以在阳光下自然合成，故称其为阳光维生素。——译者注），很多人却对它一无所知。作为对大脑至关重要而且可能预防阿尔茨海默氏症的物质，维生素 D 在保持钙磷的适当比率中扮演着至关重要的角色，它有助于钙在骨骼间进出的传递。海马状突起是大脑的主要记忆中心，它对这种有用的维生素非常敏感。

由于维生素 D 是由太阳光与皮肤的相互作用制造出来的，因此，终日懒散在家的人、计算机游戏迷和电视迷都有缺乏维生素 D 的风险。

吃出好记性

上面所列的这些物质和补充剂是为一般性的增强智力而推荐的。如果是为特定目的增强智力，我还有其他方法，这些方法可以让你的大脑达到最佳状态。这些补充剂可以把你的大脑调整至高"灵敏"频率，提高大脑的敏锐性。注意：没有人知道这些物质是如何结合起来发挥作用的。一些物质可能被其他物质所抵消，即使是其他某些普通的药物，比如抗炎药，也可能会影响它们的效果。

权威链接

大约 25% 的人群具有一种遗传下来的携带阿尔茨海默氏症的倾向。他们携带着载脂蛋白 apoE 中的 E4。研究发现，携带这种基因的人身体中的维生素 K 的含量也很低。为大脑组织提供营养的血管发生钙化和出现机能障碍被认为是引起阿尔茨海默氏症的一个原因。进一步研究可能会发现，大剂量的维生素 K 疗法可以起到预防阿尔茨海默氏症的作用。[摘自：《敏感症研究组时事通讯》(*Allergy Research Group Newsletter*)，2005 年 6 月]

记忆是和其他过程相结合的一种智力功能,它可以由大脑的各个部分所存取。记忆在储存信息和结合信息方面也起着特别的作用,这种功能对于学习那些有助于你迎接新挑战的信息尤其重要。记忆也是最常被用于衡量一般智力的大脑功能。你可以利用一些天然食品来增强记忆力,比如香蕉,甚至巧克力,为了使效果增加1倍,你甚至可以尝试外面包裹着巧克力的香蕉。在选择增强记忆力的食物时,最重要的是看身体加工这些东西的效率如何。下面是一些可以增强记忆力的补充剂。

1. 乙酰左旋肉碱(剂量达到每天1 000毫克)可以提高乙酰胆碱和多巴胺这两种神经传递素的活性。这两种神经传递素可以使你的思路更加清晰,促进大脑各部分之间的交流,使你具有更高的创造力和更强的解决问题的能力。它们也会提高条件反射的速度和精度,这对于我们老年人来说非常重要。

2. α-甘油磷酰胆碱(α-GPC)(剂量是400毫克,每天3次)富含胆碱,是对智力起到重要作用的一种物质。据记载,这种可以提高智力的物质提高了智力测试的技巧,尤其是那些测量记忆力的测试技巧。它好像对恢复中风病人的智力活动区域具有惊人的效果。

3. 马齿苋(婆萝密)是一种生长在印度的植物,5 000年来一直被用于缓解压力和提高智力。很少有临床证据证明这种植物对人类的益处,但是,对老鼠进行的研究显示,这种植物可以提高老鼠的学习能力,大大提高其记忆力。你不是老鼠,但这个理论也支持了这一点:这种物质是通过再生树突(神经链接细胞)和促进大脑里的5-羟色胺生成而起作用的。老鼠和人可能都应该注意,这种植物含有一种类似于有毒的马钱子碱的物质。因此,明智的做法是坚持吃建议的剂量:一天两次,每次70毫克提取物。

4. 胆碱(剂量是每天1 500毫克)被广泛称为刺激智力的物质。胆碱是在维生素B_{12}和叶酸的帮助下,由体内的蛋氨酸和丝氨酸生成的一种物质。作为一种补充剂,胆碱对你在智商测试中的表现可以产生非常大的影响。

5.银杏酚（剂量是120毫克～240毫克，每天3次）可以增加大脑的供血量，同时也可以减少炎症的发生。它可以刺激大脑里专司记忆和解决问题的区域。

6.人参可能是被宣传得最多的可以促进健康和心理警觉性的草药。但对于人参的来源，你要非常慎重。你一定要从信誉好的供应商那里买那种达到药品级质量的人参。人参是一种有益大脑的东西，因为它含有可以刺激大脑的神经传递素的人参皂苷，让神经传递素可以在最佳的状态下合成蛋白质。在一次研究中，服用了人参的大学生与没有服用任何东西的学生相比，前者的心理灵敏度更高。在使用了这种草药的其他实验中发现，服用了人参的校对者的校对速度和准确度更高。年纪较大的成年人服用人参的益处更大，这一点已被证明。一次对256个人（年龄在40～66岁之间）进行的研究显示，在用计算机进行的精准测试中，研究对象服用了200毫克人参和120毫克银杏酚，他们的成绩平均提高了7%。

如果你吃富含蛋白质的食物，你的智力也会提高。富含蛋白质的食物供应酪氨酸，它可以在你完成认知任务时提高你的灵敏度和忍耐力。下面介绍一些膳食或小吃菜单：

提高智力的菜单

菜单1

煎蛋饼（2个鸡蛋、奶酪、碎青椒、洋葱和西红柿）

1片全麦或全谷吐司

1杯康科德（Concord）牌葡萄汁

1杯咖啡或茶

菜单 2

4盎司烤鸡肉沙拉(2~3杯蔬菜沙拉，1个西红柿)

咖啡或茶

菜单 3

芥末蛋(3个煮得比较老的鸡蛋)

纯酸奶

芥末

一大汤匙盐汁调味品

盐和胡椒粉

菜单 4

4~5盎司烤虾

甘薯(蒸或烘焙)

脱脂乳

菜单 5

1听沙丁鱼罐头

Triscuits(一种全麦3层夹心饼干)或其他的全麦饼干

芥末

菜单 6

水果沙拉

草莓

芒果

香蕉

低脂香草酸奶

2~3汤匙麦芽

> 苹果、梨、杏和西红柿中含有很多的硼，它能给注意力和记忆力提供额外的能量。
>
> 咖啡和茶是咖啡因的来源，而适量的咖啡因可以给大脑活动提供更多能量。
>
> 沙拉里的绿叶蔬菜提供很多钾，对于精神集中起着重要作用。
>
> 葡萄汁、甘薯和其他蔬菜是主要的抗氧化剂。

权威链接

吃出好心情

你的心情反映你的精神状态。当你的情感崩溃时，你的大脑会停止运转。矛盾和挑战会动摇一个人的内心世界，焦虑的确容易让你感到痛苦。你不能控制发生在你身上或周围世界的事情，但是你可以控制你的情绪。有时你很忧郁，因为在你大脑某处的灯光太暗。如果你的大脑得不到正确运转所需的营养，你就会感到沮丧。下面就是一些可以治疗大脑崩溃、改善心情的物质。

1. **伽玛氨基丁酸(GABA)**(剂量是200毫克，每天服用4次)是一种可以防止焦虑信息在神经细胞间传递的氨基酸。它是一种可以抑制压力的焦虑控制剂，也是一种有效的放松剂，而且它不会降低人的警觉性。

2. **谷氨酸盐**(剂量是每天0.5～5克)是另一种在脑中被转换成谷氨酸的氨基酸。谷氨酸是蛋白质和核苷(统指核糖核酸RNA和脱氧核糖核酸DNA。——译者注)的建筑砌块(building block)。这些蛋白质和核苷可以在心情区域刺激你的大脑，增加有助于控制压力的伽玛氨基丁酸的含量。这种物质对于减轻精神疲劳非常有效。

3. **苯基丙氨酸**是另外一种可以直接作用于沮丧和悲伤的大脑神经传递素的建筑砌块。它也有助于提高记忆力和警觉性，就像安非他命(amphetamine，又叫苯丙胺，刺激剂的一种，能够增加人的机敏性，暂时减轻疲劳感并增强攻击性。安非他命曾是体育界滥用最严重的一种兴奋剂。——译者注)一样，可以增强你的精神和性欲。苯基丙氨酸可以在杏仁、鳄梨、香蕉、奶酪、松软干酪、脱脂奶粉、巧克力、南瓜子和芝麻中找到。从补充剂的角度来说，苯基丙氨酸有3种：L-苯基丙氨酸（存在于食物中）、D-苯基丙氨酸（不存在于食物中）和DL-苯基丙氨酸（合成）。L-苯基丙氨酸通常用于改善心情，而DL-苯基丙氨酸则用于治疗帕金森氏症和过度警觉症。这种物质和其他物质同时使用时有很多需要注意的地方。如果患有某些疾病，如高血压、糖尿病或偏头痛，用这种药的时候也要特别小心。建议的剂量是每天500～1 000毫克。在使用新的疗法之前，一定要请教你的医生。

> **权威链接**
>
> 　　一氧化氮的发现对于认知机能有很大的益处。一氧化氮也许是至今发现的调节所有身体机能的最重要的成分，它在神经细胞与神经细胞信号之间的传递方面起着重要的作用，并有助于记忆力的形成。萤火虫就是用这种物质发光的，而它实际上也可以使你的大脑发亮。
>
> [摘自《不再患心脏病》(No More Heart Disease)，路易斯·J.伊格纳罗(Louis J. Ignarro) 博士著]
>
> 下面是可以增加你体内的一氧化氮的补充剂：
>
> L-精氨酸　每天4～6克
>
> L-瓜氨酸　每天200～1 000毫克
>
> 维生素C　每天500毫克
>
> 维生素E　每天200国际单位
>
> 叶酸（维生素B9）　每天400～800毫厘克
>
> α-类脂酸　每天10毫克
>
> （路易斯·J.伊格纳罗博士，由于发现一氧化氮而获得诺贝尔医学奖）

4. 酪氨酸是多巴胺、降肾上腺素和肾上腺素这几种神经传递素的建筑砌块。有趣的是，沮丧与酪氨酸和多巴胺含量低有关，而酪氨酸和多巴胺含量低是引起帕金森氏症的主要因素。酪氨酸是奶制品、肉、鱼、麦、燕麦、香蕉和种子中的天然成分。作为一种补充剂，标签剂量是一次500～2 000

毫克，每天两到三次。

5. 5-羟色胺(5-HT)是色氨酸类物质，是与沮丧、焦虑、压力和其他低落情绪关系很大的神经传递素。一般建议的剂量是 100～300 毫克，每天 3 次。如果你在服用治疗沮丧、心脏病或血压的其他药物，一定要慎用这种物质。

改善心情的食物

食物并不总是能治愈沮丧，但是，合适的食物可以让你的心情好转。如果你哭得太厉害，你就会变得麻木，这时，你不要喝威士忌或吃油炸圈饼。相反，要充分利用那些对你非常有好处的、更加健康的食物，这些食物对你的心情极其有益，对你的身体也很有好处。

巴西干果

这些可口的大坚果富含硒。硒是一种主要的抗氧化剂，可以有效地保护大脑，使其免受毒素的侵害。毒素确实可以引起大脑混乱，让你心神不宁。虽然巴西干果里含有大量的硒，但你也可以从金枪鱼、瘦肉、动物内脏、鸡肉、松软干酪、水果和全麦等食物中获取大剂量的硒。

牛 奶

这种"纯天然"的软饮料富含对身体有很多益处的钙。牛奶有助于控制体重和治疗心血管疾病。一次在西奈山(Mount Sinai)进行的关于牛奶对患有月经前不快症(PMS)的女性的效果研究报告说，喝了牛奶之后，75% 的女性感到没有那么易怒、紧张和沮丧了。牛奶还可以减轻疼痛。其他钙含量高的食物包括强化钙橙汁、豆腐、低脂酸奶、芦笋叶等。

鱼

鱼含有 Ω-3，它被认为是一种健脑和改善心情的食物。鱼的 5-羟色胺含量很高，虾、牡蛎和螃蟹中也含有这种物质。

火 鸡

这种大家过去就一直特别喜欢的食物里含有酪氨酸和天然色氨酸。这些物质可以减轻焦虑和压力,也会使你在感恩节晚餐后想睡觉,特别是和无聊的姻亲们一起聚餐时。

牛 肉

现在,人们不是很关注牛肉,但我认为它是一种很好的改善心情的食物,也许是因为牛肉中铁(减轻疲劳)和硒的含量很高的缘故。

全麦面包

不要涂黄油,让面包喘口气,把它当成提供优质营养的源泉。未加工的谷物中氨基酸含量很高,而氨基酸可以合成大脑养分。

巧克力

黑巧克力有改善心情的特性。巧克力含有可可碱,它是一种与咖啡因密切相关的精神刺激物。巧克力中还有另外一种叫苯乙胺(PEA)的成分。苯乙胺被认为是一种催情剂,这种物质会产生一种能量,弗洛伊德(Freud)认为这种能量是所有力量的源泉。黑巧克力也含有 N- 花生四烯酸氨基乙醇,它和大麻中的活性成分四氢大麻醇(THC)在放松心情方面的作用差不多。

肉 桂

这是一种很好的香料。虽然它是一种主要的调味品,但它不含任何热量,特别是对治疗低血糖症有很大作用。肉桂中含有一种可以改善身体对血糖控制状况的化合物——甲羟基查耳酮多聚体(MHCP)。

菠 菜

也许大力水手(Popeye)是对的。如果你"吃"自己的菠菜,也可以变得很强壮。菠菜富含 B 族维生素，这种物质对治疗沮丧和增加精力非常有效。

蜂 蜜

蜜蜂是了不起的昆虫，它们的食物富含生成 5- 羟色胺的天然色氨酸，这种色氨酸也被称为"快乐的传递器"。

香 蕉

由于我很喜欢吃香蕉，我的一些病人甚至认为我拥有一处香蕉种植园的股份。但事实并非如此。我之所以对香蕉情有独钟，是因为它们含有镁，一种可以消除压力的矿物质。香蕉也是色氨酸和钾的来源，这两种物质在抗压力治疗和疼痛控制中起着很大的作用。

辣 椒

辣不总是坏事。辣椒可以减轻疼痛，增强幸福感。研究者认为，作为止痛剂的内啡肽神经传递素网络（人体内部一种类似吗啡的分子。——译者注）可以刺激大脑的快乐中心。

延伸阅读

本章给你提供了大量有关如何健康地吃、生活和思考的选择。大脑需要空气和食物，而你要确保大脑得到对健康有利的空气和食物的分量。现代技术已经给我们带来了合成食物和营养品。但是记住，对某个人有用的东西并不一定适用于你。一种尺码不可能适合所有人。此外，任何一种物质比例失调造成的问题常常比这种物质能治疗的问题多得多。最安全的做法是吃东西的比例要合适，相信自然的饮食才是最健康的。

你要对自己的健康负责，对自己所做的关于把什么样的东西摄入体内的决定负责。如果你不知道什么样的饮食、维生素和补充剂对你有用，你应该自己去找一个能够帮你处理问题的专家。

第5章

The Foggy Mind

唤醒大脑

THE IQ ANSWER

当玛丽亚的父母亲走进心理神经重塑中心时,他们看起来很担心。他们害怕玛丽亚不能顺利地从高中毕业,永远上不了大学。由于患了注意力缺陷多动症,玛丽亚在整个学习阶段一直在苦苦挣扎。

注意力缺陷多动症是以注意力集中时间短暂和集中注意力的能力有限为特征的一种失调症。这些症状常常会导致组织能力差和回忆细节困难。典型的学校课程不是为患有注意力缺陷多动症的学生而设计的。通常别的孩子1个小时就可以完成的东西,玛丽亚得花上4个小时。虽然玛丽亚很受同龄人喜欢,而且非常机灵,但她惧怕去学校,她对此感到很难过。

注意力缺陷多动症更多见于男性。一旦女孩患上这种病,就有必须考虑的因素。行事冲动、喜欢冒险是注意力缺陷多动症的一种常见症状。男孩子行事冲动和喜欢冒险,这比较容易让人接受。但是,难以集中注意力的问题是患注意力缺陷多动症的男孩最明显的特征。女孩子患注意力缺陷多动症更难被人发觉,而且我相信,当她们在课堂上表现不好时,她们会更加不知所措。

玛丽亚是个十几岁的小女孩,留着长长的黑发。我和她说话时,她会给我一个灿烂的微笑。她衣着暴露,耳朵上戴了很多耳环。简而言之,她是一个典型的漂亮女生。她和父母说话时,并没有对他们及他们的顾虑表现出带有叛逆的漠视。她好像对我和我的员工提出的任何解决方案或观测结果都感兴趣。

我和玛丽亚谈话时,她把学校里的各种挑战描述得栩栩如生。她直视着我的眼睛说："为了通过中学的历史考试，我几乎得把我全部的时间都投入到这一门课上。我怎样才能够通过大学里所有课程的考试呢？我想上大学，主修媒体通信专业，那是我的梦想，我能实现它吗？你能告诉我怎样才能做到吗？"

我毫不犹豫地说："是的，你能实现。我将教你怎样做。"

我说那话时是很有诚意的。我相信，当一个人构想出一个目标时，只要他们充分发挥出大脑潜力，他们是可以实现这个目标的。

玛丽亚一点都不相信我所说的话。

"你怎么能这么肯定。你根本不了解我，你不了解我的智力或任何情况。你只是想尽量不让我难受，是吗？"

我说："不是的，我不是想尽量不让你难受，因为那样做对你我都是不诚实的。但是，35年来，我一直在从事评估他人的工作。我想你能够实现自己的目标，虽然我现在还不知道采取什么样的方案，但是，在我们的谈话结束之前，我们会找到一个合适的方案的。"

我们对玛丽亚进行了几个小时的评估，包括一次智力测试、定量脑电图扫描、注意力集中程度测试、可能的毒性医学化验、家庭动力和人格心理测试以及视觉测试。我们利用了一种基于外层大脑运作方式进行的脑部扫描。它有5种基本的模式：δ、θ、α、低β和高β。

大脑功能的脑电图形式

模　式	频　率	体　验
δ 范围	0.5～4赫兹	睡觉
θ 范围	4～8赫兹	昏昏欲睡，催眠
α 范围	8～12赫兹	放松，没有进行任何信息处理
低β范围	12～16赫兹	注意力集中，解决问题
高β范围	16赫兹以上	受挫，压力

表格显示，当大脑或大脑的一部分处于 δ 范围内的时候，大脑处于睡眠状态。当它的频率达到 θ 范围时，我们处于一种叫催眠的半醒状态，在这种状态里，所有的现实混为一体，我们很容易地把各种意象联系起来。当大脑处于 α 范围时，我们很放松，大脑没有进行任何信息处理。当大脑处于低 β 范围时，大脑开始集中注意力，并且最容易处理信息。但当大脑被提升到高 β 范围时，它就会变得很疲倦，这个时候，我们就开始过度考虑问题，却找不到解决方法，对此，我们感到十分烦恼。

玛丽亚的脑谱图与下面的这些图相似：

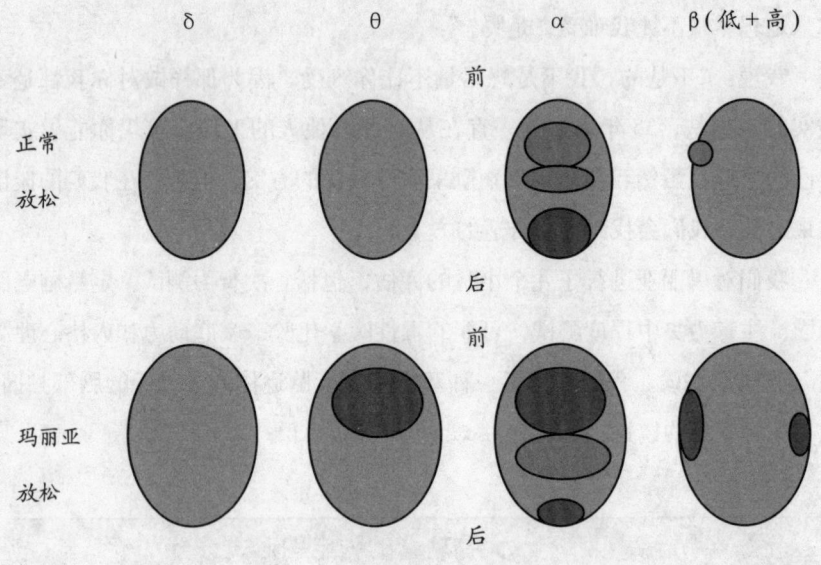

这些图不是你在精密的定量脑电图读出器上看到的那种图，但它们可以表达出我想要表达的东西。图中的读数都是用来测量那个特定频率的强度的（阴暗部分越黑，频率就越高）。做测试时，玛丽亚的眼睛是睁开的，大脑处于一种放松的状态中，因此，α 范围的频率最高，其阴暗部分较黑。但在 θ 范围，可以找到一些关于玛丽亚正在经受各种挑战的线索。我们可以看到额叶部位在 θ 范围显示出一个较黑的阴暗区域，这就是患注意力缺失症的信号。

额叶的 θ 频率暗示着一种昏昏欲睡的半清醒状态。在这个状态下，这个专司解决问题的区域好像很少起作用。灯是亮着的，但没有人在家。患注意力缺失症的孩子容易做出危险的行为，因为这能刺激他们昏昏欲睡的大脑。玛丽亚的脑谱图也显示，在她大脑的两侧有一些 β 频率的区域。这暗示着焦虑，这代表着她在学校里可能感受到的挫折。

玛丽亚的脑谱图给我们提供了一个改善其课堂表现的治疗方案。我们想找一些方法，以便能以有益的方式唤醒她的大脑。我们不遗余力地去启动这个区域(大脑)，并且使用了很多刺激物。例如，我们发现，某类音乐可以使她的大脑更加机警，如布伦特·刘易斯(Brent Lewis)的击鼓乐。我们使用了 BAUD，即生物声学利用设备，它可以实时地追踪其额叶活动。

结果令人很兴奋。呼吸方法和高蛋白早餐也有助于玛丽亚控制其思想模式。她说她现在完成作业所用的时间比以前少了 2/3，理解能力也比以前有所提高。这是双重收益。玛丽亚利用这些控制大脑的方法使自己在高中三年级的成绩全部都拿到了 A。最后一次对她进行调查时，她已是大二的学生了，并且跻身优秀学生的名单中。真是令人惊讶。

自我评估：你是否有一个朦胧的大脑？

你的大脑可能也有朦胧的部分，需要除雾。我们已经归纳出几种能最大限度地发挥出大脑潜力的"朦胧"思维模式。我设计这个问卷调查的目的就是为了帮助你了解你的大脑是否可能没有发挥出最大的潜力。

从下面这些陈述后面的"总是""有时""很少""从来没有"中选出最适合你的情况的那个答案，并把它圈出来。

1. 我不能长时间地把注意力仅仅集中在一个主题上。
   总是　　　　有时　　　　很少　　　　从来没有
2. 我感觉无精打采、一点活力都没有，委靡不振。
   总是　　　　有时　　　　很少　　　　从来没有

3. 即使我知道担心于事无补，我仍然一直为某些事情担心。
   总是　　　　有时　　　　很少　　　　从来没有

4. 我非常迫切地想把事情做好。
   总是　　　　有时　　　　很少　　　　从来没有

5. 我不能入睡，因为我在心里反复琢磨着某些事情。
   总是　　　　有时　　　　很少　　　　从来没有

6. 我总是感到有压力，并且通常不能断定压力从何而来。
   总是　　　　有时　　　　很少　　　　从来没有

7. 我的记忆力越来越差。
   总是　　　　有时　　　　很少　　　　从来没有

8. 我很容易为其他的事情分心。
   总是　　　　有时　　　　很少　　　　从来没有

9. 我难以改变想法，当我应该改变想法时，我总是固执地想着一个主题而不能改变自己的想法。
   总是　　　　有时　　　　很少　　　　从来没有

10. 我常做关于我经历过的一些事情的噩梦，这妨碍了我的睡眠。
    总是　　　　有时　　　　很少　　　　从来没有

11. 我对一些事物感到毫无理性的恐惧，如封闭或露天的场所等。
    总是　　　　有时　　　　很少　　　　从来没有

12. 我感到难过，但我不知自己为何难过。
    总是　　　　有时　　　　很少　　　　从来没有

计　分：

你圈出的每个"总是"得3分，每个"有时"得2分，每个"很少"得1分，然后把12个题的分数加起来，得出从0到36的分数。把你的得分和下面的分数段比较一下：

24～36　　为了实现你的目标，你的部分大脑需要较大的刺激。

18～23　　为了应对你生活中的一些问题，你的大脑需要适度的刺激。

11～17　如果能从刺激方法中得到激励，你就能实现一些目标。

0～10　刺激方法不可能让你实现自己的目标。

BAUD 电子鼓的启示

BAUD 的意思是"生物声学利用设备"(Bio-Acoustical Utilization Device)，你要知道，我对这个小发明有一种依恋情结。它也许不能拯救这个世界，但我认为它是一种魔力工具。1978 年，当我担任整形外科临床教授，专攻疼痛处理时，我就开始对大脑频率感兴趣了。整形外科主任让我设立一个疼痛处理门诊部。由于那时很少有疼痛处理门诊，所以我没有任何东西可以参考、效仿。因此，我就使用了我的一些工具：催眠术、自觉冥想法(mindfulness meditation)、集体宣泄法和很多鼓舞人心的谈话。但是，朋友们，这些方法都不起作用。

实际上，我门诊里每个人的状况都变得更糟。看起来，我的职业在这个领域似乎没有什么前途。现在，很多研究证明我以前尝试的方法都是无效的，但我那时就明白这点了。在遇到专门从事巫医研究的迈克尔·哈纳(Michael Harner)之前，我一直很气馁。巫医是一种医疗者，在部落文化里，巫医运用自然的治疗方法。在电影里，巫医常被描绘成"巫术医生"。但是，现代科学越来越多地证明，他们使用的很多方法和治疗手段都是有科学和心理治疗依据的。

我把自己的困惑解释给迈克尔听，他先是嘲笑我(他经常嘲笑我)，然后解释说巫医是用鼓来处理疼痛的。他教我基本的击鼓节奏，叫我试试看是否起作用。这时，我已经愿意尝试任何方法了，而且我从来不介意跟着鼓点跳舞。

我买了一面鼓，在第二个星期大步流星地走进医院。我先让病人围成一个圈，然后，我告诉他们我要击鼓。他们不知道会发生什么事，我也不知道！

击了 20 分钟后，我停下来，所有的病人都说他们的疼痛有所减轻，心情有所好转。我开始了解为什么林戈(Ringo，甲壳虫乐队的鼓手。——译者注)

好像总是甲壳虫乐队中最快乐的人了。

在之后的两年里，为了给这种现象找到科学依据，我一直击鼓。我把脑电图、肌动电流描记器和很多生理监视仪安装在病人身上，看看鼓声是如何起作用的。结果很明显。迈克尔教我的那些击鼓节奏和大脑的 θ 波是一样的。当用这种频率连续击鼓时，大脑就会与鼓的节奏同步，这就会让病人放松，并为大脑意象和一种幸福感创造条件。

鼓的节奏不仅能减少疼痛，产生建设性的意象，而且还能使大脑进入有助于病人睡眠的低频率，即 δ 波。这对于那些因为压力过大而无法拥有良好睡眠的人来说有着重要的意义。

我大脑里有这样一种拍子，这种拍子容易让人入睡。但下一个挑战是如何通过击鼓找到一种为大脑提供能量的方法。

把击鼓的节奏控制在低 β 频率范围内（每秒 12～16 下）是不可能的，因此，为了使大脑处于更兴奋的状态，我让担任电子工程师的儿子 T. 弗兰克·劳利斯做了一架电子鼓。我们发现，运用混合频率确实可以使大脑以最佳状态运转。我想，儿童舞蹈俱乐部里的流行音乐播放员应该知道这一点。这就是那种"一只耳朵进，一只耳朵出"的东西。例如，由于两种频率的声音相互干扰，一只耳朵听频率为 20 赫兹的声音，而另外一只耳朵听 32 赫兹的声音，这就会在大脑里产生 12 赫兹（即 32 赫兹与 20 赫兹的差）的合成串音。

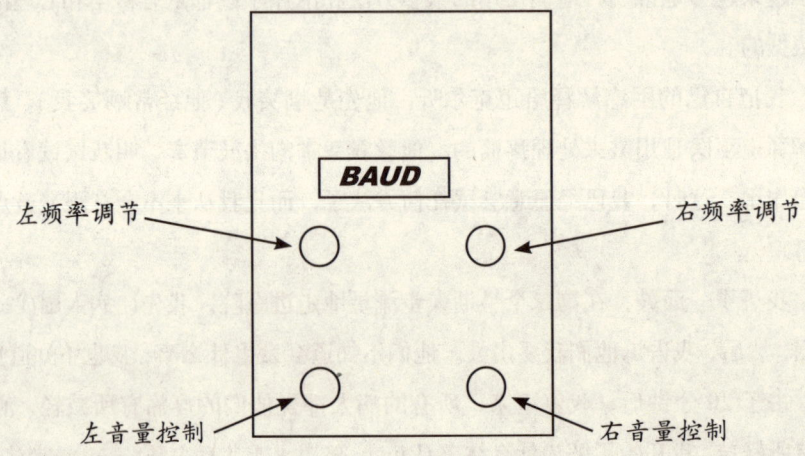

通过听这种大脑混音设备发出的声音和对大脑功能的监控，人们就可以为他或她的大脑创造最有效的频率。我们在心理神经重塑中心也是这样做的。我们的大脑混音器就像一台有 4 个控制旋钮的大型手机一样，每只耳机上都有自己的音量和频率控制。这个工具很有趣，因为它把高科技和古代的治疗方法结合起来。这种设备不一定对每个人都适用，但我们已经取得了一些成果。我们正在做关于这种设备在治疗注意力缺失症、上瘾和创伤后应激障碍症 (PTSD) 方面的效果评估，并希望很快就能发表研究结果。我们发现，通过运用这种设备，可以减轻那些对酒、大麻、可卡因和某些食物上瘾的人对这些东西的依赖，也有助于这些人更加清晰地思考问题。我曾用这种设备来治疗一个帕金森氏症病人，结果减轻了他颤抖的症状。我现在正在尝试把这种生物声学利用设备混音器与提供维生素 C 及纯氧的疗法结合起来，其结果看起来在促进大脑的活动方面很有前景。

莫扎特效应

音乐对我们的情感和大脑都有很大的影响，这种影响有时有利，有时不利。大脑对音乐会作出反应，这就是为什么我们常常会因为音乐而受到鼓舞、感到悲伤或振奋的原因。大脑对死亡进行曲和阅兵进行曲的反应截然不同，这是因为不同种类的音乐影响大脑的不同部分。似乎可以激发积极情感的福音音乐是刺激扁桃体的，扁桃体是皮质下层一个很深层的中心，这就是为什么深受福音音乐影响的人可能会有寻求更高生活目标的动机的缘故。有趣的、可以刺激性欲的"情感"音乐也会影响皮质下层。考古学家已经发现，乐器的诞生可以追溯到人类出现的早期，现在我们知道这是为什么了吧！

令人放松的音乐使大脑的频率处于 α 范围。像威利·纳尔逊 (Willie Nelson) 的令人深受感动的《半个人》(Half a Man)，这样的伤感音乐可以通过大脑让你的内心异常痛苦，并以此让那些在酒吧里和汽车上听音乐的人觉得伤感。唐·坎贝尔 (Don Campbell) 有关"莫扎特效应"(The Mozart Effect，美国威斯康星大学的心理学家们发现，听莫扎特的音乐可以改善人体的计算和空间感知能力。在听了莫扎特的音乐后，就连老鼠都能在迷宫游戏中得高分，但单纯的噪音和其他音乐家的音乐都无法达到这一奇效。——译者注）的优秀作品着眼于音乐对大脑功能的影响。在《莫扎特效应·儿童篇》(The Mozart Effect for Children) 中，他列出了下列可以促进大脑功能的莫扎特经典音乐。

适用于初学走路的孩子和学龄前儿童的曲子

第一进行曲

唐·乔瓦尼 (Don Giovanni) 中的"香槟咏叹调"

D 大调第九小夜曲

土耳其风回旋曲

降 B 调嬉游曲：四对舞曲和快板

魔笛 (The Magic Flute) 中的"帕帕基诺 (Papageno) 之歌"

适用于学童的曲子

交响乐：变奏曲集

第六交响曲：行板

第十八交响曲：优美的小行板

第二十四交响曲：小行板

A 大调第五小提琴协奏曲第一乐章：宽广的快板

D 大调小夜曲：最急板

D 大调第二小提琴协奏曲：中板

第十七交响曲：行板

降 B 调第十小夜曲：柔板

他所推荐的乐曲不包括那些与特别的大脑功能和经历有关的曲子。有时，当病人难以摆脱抑郁时，我会让他哼或唱一首歌。几分钟后，大脑就会神奇般地作出反应。我曾经与一个患脑癌的人共事，她很沮丧，这可以理解。我建议她去听音乐，以减少忧愁。她选择了《基督勇兵歌》(Onward, Christian Soldiers)，我和她一起唱了 20 分钟，我们反反复复地唱，就像唱颂歌一样。

我们监测她的大脑，发现它就像一个优秀的基督勇兵一样对音乐作出了反应。

她不再感到沮丧，她变得自信起来，并对未来更加乐观，甚至她的肿瘤好像也消退了。不用说，她经常听那张《基督勇兵歌》的 CD。

什么样的歌曲可以给你提供动力？什么样的音调可以让你的大脑进入一种更加有效的状态？这可能是你接受的最令人愉快的疗法了。打起精神，前往音像店，或者去附近的图书馆外借部，寻找释放你的大脑和感情的歌曲吧。

体育运动

令我烦恼的是，心理疗法常常被看成是弗洛伊德那种老生常谈的疗法，也就是病人躺在床上和治疗学家说话。其实，我们大家站着时思考能力更强。实际上，体育运动是刺激大脑活动最好的疗法之一。解决部落问题的时候，美国印第安人围着营火跳舞。即使他们不知道这一点，但情况往往就是这样，他们的这些习惯植根于某些可靠的科学之中。爱尔兰人也有自己的方法，几个世纪以来，那里的人是通过长途游泳来治疗沮丧的。中国人传统上是通过练太极拳来放松和集中精神的。

朋友们，民间医学不仅仅带有民间风俗，它往往也是有生物学基础的。运动关节可以刺激内啡肽这种神经传递素，这会大大促进 5-羟色胺的产生，从而可以减轻沮丧和焦虑感。过度的内啡肽传递素会造成一种很强的心理兴奋状态，可能上瘾。几种研究都提到，运动比药物对治疗沮丧更加有效，锻炼能战胜摇头丸。

体育运动的另一种好处是它可以刺激良好的呼吸，增强体质。如果我们说某些训练可能既有益于心理健康也有益于认知健康，那么这绝不夸张。但你得小心，不要运动过度。你不会因为想要过分强迫自己去锻炼而使自己的身体或大脑精疲力竭吧。过分的体育运动会引起发炎，这就会让毒素进入大脑。当你过度地压迫自己身体的时候，身体就会产生让大脑经受重压的可体松，导致记忆力和集中注意力方面的问题。因此，为了你的身体和大脑的健康，从沙发上站起来，让你的筋骨得到一定的锻炼。不要让自己跑得太累了，也别把你的身体和大脑累坏了。相反，你应该考虑一下这些方法。

个人运动

当你做一些个人运动，如跳舞或游泳时，你的大脑会进入一种对你有益的节奏，小脑、顶叶的肌肉运动脊和额区都会受到积极的影响。小脑位于皮质下后部，它有无数个神经链接，与大脑的其他部分相互作用。它被看做是保持身体平衡与协调的中心，并与额叶有重要的链接。大量的证据表明，需要平衡和协调的运动可以减轻注意力缺失症的症状，让患者更好地集中精神。

其理论模式是：小脑活动量的增加可以随着需求量的增加而给整个身体创造额外的神经链接，如增强的协调链接和视觉、空间链接。总之一句话，不管发生什么，运动确实有助于提高这些功能。

肌肉运动脊区(在大脑中间)和额叶可以协调思想和执行功能。轻度运动有助于促进高级管理者和学童的思路。很多运动都有这样的效果。你应该挑选那些对你有益、适用于你的运动。下面推荐一些个人运动，供你参考：

"凭空指挥"交响乐团(你可能只想在亲密的朋友面前练习它)

慢 舞	太 极
瑜 伽	演奏一种乐器
唱 歌	以一种节拍连续击鼓
步 行	在直线泳道上来回游几圈

团体运动

团体运动可以激发大脑解决问题的能力、记忆力和反应协调能力，给我们带来额外的益处。即使是玩扑克，也会大大地激发你的大脑。如果你不相信，日后我愿意跟你打得克萨斯纸牌(Texas hold'em)。还有一些体育运动有利于提高反应协调能力，如乒乓球或篮球等。如果赢了，你的情绪也会大大提高！

受影响的大脑区域包括额叶、小脑、颞叶、顶骨肌肉运动区和枕叶。颞叶专司社会关系、情感状态和记忆力，所有这些都能在这类练习中得到锻炼。

排 球	和舞伴跳舞
网 球	集体徒步旅行
乒乓球	在乐队里演奏一种乐器
合 唱	

聪明人喜欢的游戏

"用进废退"这个古老的谚语既适用于肌肉也适用于脑力。每一天，如果你无所事事，由于纤维衰减，一块肌肉大概会萎缩3%。无所事事的大脑也会失去活力，开始失去与主要的神经中枢链接的树突，并且受体部位倾斜，从而妨碍神经传递。预防痴呆症的最好方法是运用智力挑战不断运动大脑。看电视（当然"菲尔博士秀"这个节目除外）和玩单人纸牌都不是脑力训练。

脑力训练可以增加大脑被运动的部分的力量，个人的脑力训练一般会影响3个区域：额叶（管理区）、颞叶（记忆力）和枕叶（视觉意象）。

我列出了一些游戏供你参考，其中包括选自美国门萨协会图书馆的一些游戏。门萨协会是一个由智力水平在全部人口中占前2%的人组成的组织，它的使命是增强人类的智力。多年来，我都是这个杰出组织里的指导心理学家。这个组织的成员是我见过的最高雅的人中的一些，不用说，他们也是非常聪明的人。为了刺激大脑，门萨的成员喜欢玩脑力游戏。下面是一些益智小游戏。

单人游戏

九宫拼图	疯狂找不同	奇趣扫雷
魔王迷宫	智慧方块	智力找铅笔
超级贪吃蛇	接龙金字塔	连五子
七巧板	速算24	大家来找碴

多人游戏

桥牌	国际象棋	跳棋
扑克	看手势猜字谜游戏	迷宫(Clue)

咀嚼可以提高智力

这是一个保证会让老师陷入困境的建议：孩子或成人使朦胧的大脑变清晰的最有用的行为之一就是咀嚼。如果你咀嚼的东西里含有木糖醇的话，会更有效果。对不起，我知道，这好像难以置信，因此，让我解释一下它为什么会起作用，它是怎样起作用的。

如果你经常通过嘴呼吸，那么你的智商就会下降。我们已经在下面这些人身上发现了这种现象：患阿尔茨海默氏症的人，以及患有各种精神障碍，如注意力缺失症和强迫症，以及智力迟钝的病人。甚至是那些睡觉时用嘴呼吸的人，流进他们大脑和心脏的氧气也有所减少，这就使得他们更容易患心脏病和中风等心血管疾病。

原因似乎与鼻腔更接近大脑有关。因此，当你用鼻子吸气时，一氧化氮能够自然地进入你的大脑。一氧化氮是一种可以帮助大脑和身体更加有效地处理空气的气体，它会给你的神经系统增压。如果用鼻子呼吸，你就会吸入更多的氧气和更干净的空气。

有趣的是，母乳喂养似乎能教孩子们慢慢形成这种更加有效的呼吸方法。这种经验也许比从母乳中得到的天然营养成分对婴儿的大脑更有帮助。咀嚼有助于呼吸的一个原因是，下巴的动作有助于打开鼻腔。咀嚼还能促进下巴更好地发育，这反过来也可以使鼻腔变大。一些科学家认为，活动下巴关节有助于减少焦虑、集中精神。这就是为什么患注意力缺失症的孩子试图集中注意力时会过分活动关节的原因之一。

咀嚼也有助于预防蛀牙。蛀洞和缺牙对智力有害。当老人掉牙时，尤其是臼齿，他们的鼻腔也关闭了，这就促使他们用嘴呼吸。

木糖醇是一种味道不错、非常有益的糖替代品。它可以预防蛀洞，促进牙齿更好地生长，在鼓励你用鼻子呼吸方面也有着很大的作用。同时可以集中注意力。

延伸阅读

我们已经探讨了能影响大脑的积极或消极的生活方式。幸好，只要一点小小的调整，你就可以提高智力。通过养成可以锻炼大脑和身体的新习惯，你可以使周围的环境更加刺激。你的大脑和身体都需要养分。锻炼对你有很多好处，尽管你可能暂时还没发现。你的身体和大脑具有惊人的恢复能力。再生是身体的一种奇迹，但不良的习惯会阻碍这种再生能力。下一章将为你提供恢复这种能力的方法。

第6章

如何提高睡眠质量

THE IQ ANSWER

Restoring Your Brainpower

在托马斯·爱迪生发明电灯泡之前，人们每天晚上的平均睡眠时间是 10 小时。今天，美国人工作日晚上平均的睡眠时间是 6.9 小时，周末晚上平均的睡眠时间是 7.5 小时。

——美国国家睡眠基金会 (National Sleep Foundation)

2002 年美国睡眠民意测验

据估计，由于睡眠不足和失眠导致的生产力丧失、医疗费用、病假、财产和环境损害等造成的损失每年大约是 1 000 亿美元。

——美国国家睡眠基金会

超过 2/3(69%) 的美国孩子每周至少有几个晚上会经历一个或更多的睡眠问题。

——2004 年美国睡眠民意测验

虽然很多美国人享有充足睡眠带来的好处，但大概有 4 700 万美国成年人因为得不到让自己第 2 天完全清醒的最低睡眠时间而让自己面临受伤、健康和行为问题的危险。

——2002 年美国睡眠民意测验

40% 的成年人说至少偶尔会难以入睡，大概有 10%～15% 的成年人长期失眠或严重失眠。每年由失眠造成的直接损失 (包括用于失眠治疗、卫生保健、医护和疗养院护理的费用) 差不多达到 140 亿美元。

其造成的间接损失，如失业、事故造成的财产损失和往返于卫生保健提供者那里的交通费用大约是 280 亿美元。

——美国国家健康研究所 (NIH) 提供的数据

每年警察报告中由于司机困倦造成的交通事故达到 10 万起 (这大约占所有交通事故的 1.5%)。这些事故造成 1 500 多人意外死亡、7.1 万多人受伤，生产力和财产方面的损失估计高达 125 亿美元。

——美国国家高速公路安全管理局
(The National Highway Traffic Safety Administration)

有 51% 的美国人说 2001 年他们是在困倦的时候开车的，有 17% 的美国人说他们的确在开车时在方向盘后打过瞌睡。

——美国国家睡眠基金会 2002 年美国睡眠民意测验

这里有一个非常流行的简单问题。你甚至可以叫它"无脑者。"

人们不能发挥最大智力潜能的最普通的原因是什么？

答案就是：缺乏睡眠！

> 根据调查，20 岁～24 岁年龄段的人平均睡眠时间为 8 小时 48 分钟，随年龄增大而逐渐减少，到 50 岁～54 岁这一年龄段时降至最低，平均睡眠时间为 8 小时 20 分钟。但随后对睡眠时间的需求又不断上升，如 65 岁～69 岁这一年龄段的人平均睡眠时间为 8 小时 56 分钟。
>
> 情系中国

我问这个问题时你不会是在打瞌睡吧？

如果是，我也不会感到惊讶。失眠是现在最大的健康问题之一。大多数人 (51%～75%) 都在抱怨睡眠不足或失眠。对于大多数声称自己睡眠不好的人而言，这个问题是长期的，而不是突发的。

长期缺乏睡眠对大脑有巨大的影响。它会引发沮丧、焦虑、酗酒、滥用毒品、难以集中注意力和在认知加工（也叫"蜂鸟的注意广度"）的过程中缺乏耐力。由于睡眠不足而付出的身体代价是惊人的，它会引起心血管、肺部、胃与肠道的疾病。很多人说他们之所以睡眠不足是因为有太多的工作要做，但令人伤心的事实是，不良的睡眠习惯却给社会造成了生产力的丧失和医疗费用方面的经济负担。

药丸和酒精是宁静睡眠的敌人。它们会引起不健康的睡眠，不健康的睡眠不仅不能恢复你的精力，更不利于你身体的自然周期。它们还有一种很大的反弹效应，也就是说，如果停止服药，你的失眠状况甚至会加重，并且会使你在生理和心理上对药物更加依赖。

一个疲乏的大脑与一个得到充分休息、完全运转的大脑相比，其表现有明显的区别。如果你最初的智商测试分数是100分，这是平均数。然后3天不睡觉，那么，你的大脑将只能以75分的智商运转，这个分数是学习能力的边界线（这对作家和青少年的家长来说较普遍）。

想到那些不休不眠长时间工作、然后又不得不在瞬间作出生死决定的医生和护士，这真让人害怕。如果一个睡眠不足、头脑不清醒的卡车司机以每小时70英里的速度开着一辆重达40吨的半拖车，那么，他的半拖车随时可能会撞上你的车，这同样令人担心。

评估你的睡眠质量

睡眠不是一件一拉开关就可以开始的事情，它是一种让你从一个阶段过渡到另一个阶段的动态过程。有5个阶段通常被认为是身体和大脑"再充电"所必不可少的。

阶段1：这是入眠的"来临"。这是清醒和睡眠之间的过渡期。这个阶段通常会延续1～5分钟，大概占一个晚上睡眠总时间的2%～5%。如患有某种失眠症、不宁腿失调症(restless leg disorders，一种运动失调症，包括腿部不舒服和难受的感觉如刺痒感，导致患者夜间不停地活动，这种感觉使得入睡困难。——译者注），或者有呼吸暂停和睡前喝酒等妨碍睡眠的因素，这个阶段的时间会大大增加。

阶段 2：这是睡眠的"基线 (baseline)"。这是 90 分钟周期的一部分，大概占总睡眠时间的 45%～60%。

阶段 3 和阶段 4，也称 δ 睡眠：在第 3 和第 4 阶段，睡眠逐渐发展到大概持续 10～20 分钟，也许可以延续 15～30 分钟的 δ 睡眠或"低波"睡眠。之所以叫它"低波"睡眠，是因为大脑活动急剧地从第 2 阶段的 θ 节奏下降到一个更低的 δ 节奏，而 δ 节奏每秒钟只有一至两个周期，且波峰和振幅大大增加。很多成年人的这两个睡眠阶段是在最初的两个 90 分钟睡眠周期或睡眠的头 3 个小时之内完成的。不同于快速眼动期 (REM)，δ 睡眠是"最深的"且最具修复作用的睡眠期，这与大众的想法刚好相反。δ 睡眠期是睡眠不好的人最渴望的睡眠期。对于孩子来说，δ 睡眠会占睡眠总时间的 40%，这就是孩子们晚上大多数时候几乎"完全沉睡"、无法醒来的原因。成人往往非常羡慕这种"如婴儿般睡眠"的能力。

阶段 5，也称 REM(快速眼动期)：这是一个非常活跃的睡眠阶段，它占晚上总睡眠时间的 20%～25%。在这个时期里，呼吸频率、心率和脑波活动加快，也可能会做生动的梦。因为我们的眼睛往往会快速地从一侧转到另外一侧，所以睡眠专家把睡眠的第 5 阶段叫做 REM 或快速眼动期。在 REM 之后，身体通常又会返回第 2 个睡眠阶段。

恢复健康的睡眠模式

如果你只是偶尔少睡几个小时，那么你的身体是可以把它补回来的。但如果你一直每天都缺乏好几个小时的睡眠，你可能就会变成一个病态和疲倦的人。如果你有 10 天或更长时间没有经历 REM 睡眠期，沮丧和不安就会尾随着你疲惫的灵魂。失眠太多肯定会降低你的工作效率，而且感到生活缺乏情趣。

为了维持身体正常运转，你需要第 1 和第 2 个睡眠阶段。如果你得不到这两个阶段的睡眠，肾上腺持续分泌引发的脂肪积累甚至可能会导致你的体重增加。第3和第4睡眠阶段对身体的恢复非常重要。缺乏这两个阶段的睡眠，你会更难忍受与纤维肌痛综合征和肌筋膜综合征相关的疼痛。睡眠不足与背部、颈部疼痛的关系很大，更不用说糖尿病、关节炎和狼疮了。对失眠的人来说，更多的坏消息是：你的免疫系统需要超过40个（打盹）小睡才能处于良好的警戒状态，因此，当你睡眠不足时，你更容易受到病毒感染。

> **权威链接**
>
> 莫林(Morin)、科莱基(Colecchi)、斯通(Stone)和布林克(Brink)在做了一项受到同行关注的关于比较失眠药物疗法和行为疗法[摘自：《美国医学会杂志》(Journal of American Medical Association), 2002年第281期，991~999页]的研究之后得出结论：行为疗法即使不比药物疗法好，至少也和药物疗法一样有效。

因此，你得到的信息是：别打瞌睡，否则你会被击败！我们要把你恢复到一本正经的Z状态，以便你能够发挥出A状态的水平。幸好，有办法恢复你高质量的睡眠，让你的大脑有足够的时间"充电"。下面是3种已经得到证实的方法，包括改变生理节律、减少压力和最后一个听起来有点像牛的方法——反刍控制。

方法1　调整你的生物钟

生物钟是根据"生理节律"来调整的。生理节律是我们为了最佳的心理和身体健康而本能地接受的周期。每个人都有一组独特的生理节律，如果扰乱了它们，我们就要以疲劳、疼痛、压力甚至是死亡的形式去承受其后果。

任何一个坐飞机旅行而快速跨越几个时区的人都会出现时差症。如果晚上从旧金山出发飞往华盛顿，并在那里开始白天的生活，那么你刚刚离开的那个夜晚几乎不会过去，这时你就会有一种摇摇晃晃的感觉。时差症是在提醒你，你的身体是根据24小时来调整的。

经过了夜晚的深度睡眠之后，我们的大脑和身体都做好了充分的准备，可以活动大概半天的时间(12个小时)。如果我们调整自己的时间表，以便可以在那个高峰期间完成最费神的工作任务，我们就会在上下午各拥有4个小时最理想的工作时间。这是很好的事情，只不过工作老是占用睡眠的时间。

当工作需要的时间扰乱了我们的睡眠节律时，我们的自然恢复过程就会开始停下来。按班轮换的工人受到不符合自然规律的时间表的巨大影响，如果他们不能建立一种稳定的模式，影响就会更大。

酒和糖会影响我们的睡眠周期。同样，晚上给朋友发短信到深夜，或玩电脑游戏到猫头鹰停止枭叫声，这都会影响我们的睡眠周期。如果你没有得到充足的睡眠，你就必须自己作出一些改变，使睡眠恢复正常。如果你对自己负责，你就会有控制权，并将从中受益。

睡眠准备仪式

你在就寝时的仪式是什么，比如关掉电灯、电视机，停止祈祷等？你有没有发现，一醒来就开始一天的工作，这几乎是不可能的，如果你头天晚上好不容易才入睡，这就更加不可能。你的大脑仍然处于睡眠状态。你必须用一些刺激来唤醒大脑，我说的刺激不是指星巴克(Starbucks)咖啡。这时，你可以把你从本书中学到的东西运用到实践中去，生物声学利用设备、音乐和体育运动都可以唤醒你的大脑，并使它运转起来。

> 2005年1月发行的《儿科学》(Pediatrics)表明，那些按学校课程表规定从早上七点半开始上课的青少年因为不能够恢复他们的生理节律，所以一天中的大多数时候他们都是昏昏欲睡的。
>
> 权威链接

如果你想使大脑平静下来并进入睡眠状态，你就该听柔和的轻音乐，放松肌肉，开着微弱的灯光，营造一个安全而温馨的环境。下面所列的环境因素可能需要调整一下才能使你平静下来。

- 噪音
- 光线
- 舒适感
- 安全(锁门、检查屋子等)

了解你的生活节律

确定一天中你感觉最有效率的时候。注意你自己喜欢做的事情，同时也注意你最不活跃和精神最不集中的时候，并注意你那时喜欢做什么。

6：00 ~ 8：00 A.M. _____

8：00 ~ 10：00 A.M. _____

10：00 A.M. ~ 中午 _____

中午 ~ 2：00 P.M. _____

2：00 ~ 4：00 P.M. _____

4：00 ~ 6：00 P.M. _____

6：00 ~ 8：00 P.M. _____

8：00 ~ 10：00 P.M. _____

10：00 P.M. ~ 午夜 _____

午夜 ~ 2：00 A.M. _____

2：00 ~ 4：00 A.M. _____

4：00 ~ 6：00 A.M. _____

为了改变你的生理节律，满足你的要求，把你从事的那些活动记录下来，如喝咖啡或服用兴奋剂、喝酒、服用镇静剂、运动、吃饭等。简单地说明这些活动对改变你的生理节律的效果如何，并把可以利用的活动记录下来（比如营养、放松等）。

方法2　为睡眠减压

压力是有效睡眠的一个主要障碍。当一个人在经受压力的时候，大脑里就会产生一种生物化学反应，这是一个警报系统。即使在剑齿虎灭绝后，我们人类仍然不是最大或最具伤害性的动物，但正是这种古老的、基于战或逃的警觉让人类能够生存下来。压力对人类生存来说的确是件好事，但对睡眠来说却是件坏事。当你经受压力时，你的荷尔蒙就会警觉起来，把你身体的紧急应变系统调动起来，这意味着心律加快、肌肉更加紧张、肾上腺素流量加大，以及很多直接与睡眠状态对抗的其他反应。这些对睡眠都是有害的。

90%的人承认，至少在晚上的一段时间里，压力会让他们睡不着觉。但是，除了抱怨以外，他们还能做什么呢？长期服药也无济于事，因为药物只能缓解症状，不能消除让你睡不着觉的焦虑或沮丧的根源。

为了促进睡眠，你所能做的最容易的事就是听那种特意为这个目的而设计的音乐。我推荐 Mindbodyseries.com 这个网站的 CD，这是一个很好而简单的选择。否则，你可能要花很多时间来为压力担心，这样你的睡眠时间又减少了。在这种压力之下的大脑活动只会将你的大脑推进 β 范围，也就是"浅睡眠"状态。听这种助眠 CD，遵照这些步骤，直到你的身体和大脑跟上这种节奏。CD 实际上是在教你的大脑如何入睡。这是具有慈善目的的电梯音乐(elevator music，指商店或公共场所播放的乏味音乐。——译者注)。

> 据国家统计局黑龙江调查总队对牡丹江市、双鸭山市和尚志市的 11 所小学和 12 所中学的调查显示，当前黑龙江省部分中小学生的课业负担繁重，睡眠和休息时间不足，能保证 6 小时睡眠的初中生只占 30%。
>
> 中共中央、国务院发布的《关于加强青少年体育、增强青少年体质的意见》中指出，确保青少年休息睡眠时间，加强对卫生、保健、营养等方面的指导和保障。制定并落实科学规范的学生作息制度，保证小学生每天睡眠 10 小时，初中学生 9 小时，高中学生 8 小时。

<small>情系中国</small>

我推荐几种助你入睡的技巧。其中一种收录在这本书的附录部分，目的是为了一般性的释放压力。这个一般性的释放压力训练计划将教你把注意力集中于睡眠时所必需的呼吸模式。在宁静的睡眠中，呼吸周期呈现出更低和更平衡的吸气呼气模式。如果你呼吸太快，那你就是在给身体的其余部位发出信号，让它们提高警觉，准备对付问题；如果你呼吸太慢，你的大脑会因

为没有得到足够的氧气而变得焦虑。

你已经知道，你可以控制自己的呼吸模式，而且在这样做的时候，你能学会如何大大减少压力对你的身心造成的影响。如果你是以一种不利于睡眠的模式呼吸，你的大脑就会创造出与你身体的平衡状态相一致的压力。花一些时间特意地呼气，并且让呼出的气比吸进的气要多，或者反之，看看你的压力会如何变化。

呼吸方法基本上就是学会让吸气和呼气保持平衡的一种方法。也许最容易的方法是数一下每次呼气和吸气所花的秒数。吸气，然后慢慢地呼气，到你数到七的时候，气就呼完了。如果这样有用的话，也许你要反复念叨的就不是一二三四，而是积极的语句了，比如"我越来越放松""我感觉心情更加平和"或"我既强壮又完美"。

方法3 反刍控制

在大脑引起情感反应之前，它会经历一系列的过程，这就叫做 A-B-C 模式。情感反应的第1步是从历史的、将来的或现在的事件的意象 A 开始的。只有在识别了某样东西之后，你才能对它作出回应。例如，如果不知道蛇的存在，你就不可能害怕它。大脑情感反应的 A-B-C 模式如下：

A. 对要作出回应的东西的意识
B. 识别物体和事件的意义
C. 以学来的相关反应作出回应

第2步是识别事件或物体。这通常来自把事情置于背景之中的联想记忆。如果你从来没见过蛇，从来没有被告知蛇是危险的，从来没有遇到过有蛇的情景，你就不可能会对蛇有任何情感反应，因为你没有识别蛇的背景。

第3步是以学来的或预期的情感反应作出回应。如果有意义的背景是恐惧的，那么，你可能会出现一种与其他的恐惧反应具有相同特征的情感反应。然而，我们都有一个建立在预期结果（保护、支持等）基础上的独特的情感反应库。

在前面关于控制生理节律的那一节里，我们讨论了通过认识噪音干扰而为睡眠环境做准备的问题。但是，影响睡眠模式最频繁的"噪音"是来自你大脑的噪音。当你的大脑试图把那些忧虑一点点地结合成某种不相吻合的可行的解决办法的时候，就会产生这种尖锐的噪音。这就好像你在一个没有连贯计划的情况下试图找到安宁和稳定感一样。

让我来解释一种与睡眠和恢复关联非常大的大脑现象。大脑是问题的解决者，这是它的功能。你上床睡觉时，你的大脑还在不断地翻腾，因为它正在从你一整天向它灌输的杂乱信息堆中寻找意义。你有没有观察过在地板上熟睡的狗？嗯，狗之所以能够那样睡，是因为它的大脑没有去想月底的时候要如何才能支付信用卡账单上的1万美元，同时还要能支付住房贷款。

不要嫉妒狗能如此熟睡，应该学会如何像狗一样睡觉，而不是像狗一样工作。

大脑放空，平静入睡

步骤1 停 止

第1步是停止反复思考问题，不管是真实的还是想象中的问题。晚上，如果我们继续把思绪集中在不可用或不可解决的信息上，我们只是在浪费时间和精力，让自己更加不得安宁。想象在我们面前有一个废纸篓，现在把那些混乱的思绪扔进这个废纸篓里。这可能很容易。

不必重复棘手的事件

试图去弄清楚人们为什么去做或不去做某些事情，这是在浪费时间。你不能改变已经发生的事情，你也不可能让事情以不同的形式发生。永远鞭策自己对你的生活不会有任何帮助。是的，我们都希望会做一些我们自己没做过的事情。我们总想知道，如果我们更努力地学习或更加投入地工作的话，事情的结果是否会不一样。在这一堆数据中，你永远找不到简明的答案，因此，现在就消除那些问题吧。

不必害怕将来的恐惧

我们都在半夜醒来过，因为我们的大脑一直在设法决定一个解决悬而未决的问题所需要的行动方案。如果我们的身体可以这样入睡，那就太棒了，可惜不行。大脑在工作的时候，身体会通过把血液注入大脑和其他器官的方式作出反应。因此，你得把你的大脑完全关闭，让它停止运转，或者给它一个轻松的任务。

避免焦虑的恶性循环

你很容易陷入这样一种模式：心里反复想着一种不好的场面。在大多数情况下，这只会造成更多的焦虑。我曾经治疗过这样一个病人，他总是想着这样一个场景：他请求加薪，但他的老板拒绝了他的要求。因为这个挥之不去的想法，他整整一个月都感到心烦意乱，最后，他终于在某一天走进老板的办公室，递交了辞职报告。其实，他的老板是打算给他加薪的，但他却得不到这个机会。这就是失眠导致的恶果：失去理性的思考、失去金钱。

不要把睡眠当做一次竞赛

通常，有睡眠问题的人会在完成一个具有竞争性的任务时开始把失眠问题当成一种失败来思考。我听过一些人说："我今晚将面对另一个失败。"这样，他们就犯了两个错误：其一，为了不让自己无法入睡，他们开始整天训练自己；其二，他们在睡眠技巧方面付出的努力太多。睡觉是释放竞争和需求的艺术，而不是一种严格的自我决策的动作。自我决策只会阻碍睡眠过程。

睡眠不是一次竞赛，没有人评估你，没有人给你打分。因此，不要再和睡眠开玩笑了。

步骤2 放 松

把你的大脑挂入空挡，阻断让你睡不着觉的想法。要养成这样一种习惯：放松大脑，然后放松身体。这里有3种放松大脑和身体的方法。

助眠CD

用一张"助眠"CD。仅听说明部分就可以让你的大脑停止去想烦心事，让你进入一种更好的心态。你不必去想如何解决问题或保持精神集中或消除某些想法，你只需按指示去做即可。

集中注意力于呼吸

把注意力集中在现在这个过程，消除关于过去或者未来的想法。如果你意识到自己进入了某些思想禁区，立即停止那些思想模式，恢复当前的思想。把注意力集中在呼吸上，这会把你带回当前的状态。感觉一下你的每一次呼吸以及它对你身体的影响。感受一下空气进入你的肺部然后从鼻子呼出来的感觉。把全部注意力集中在呼吸上，把其他所有的事情抛诸脑后。这需要一定的自控能力，因此，如果你心不在焉，就不要强迫自己。

欣赏纯音乐

挑选你自己喜欢的音乐，那种没有旋律，却不断重复，使人心情放松的音乐更适宜。新世纪音乐(New Age Music，一些带着新世纪哲学理念的和谐与非破坏概念的唱片，可以鼓舞精神上的超脱和生理上的治疗，其中一些唱片既能给我们以艺术上的享受，又能给我们带来精神上的恢复。——译者注)对一些人有用。我更喜欢美国印第安人的笛乐。我不会建议你们去听小野洋子(Yoko Ono)的音乐，但这只是我的建议。我也不会去听那些给人以灵感，使你想去解决世界问题的歌，或那些使你想在雨中把自己的小吨位运货卡车开到火车前面去的那些悲伤的西部乡村歌曲。你可以根据自己的兴趣从以下音乐中选择。

> **全脑开发大师—完全的睡眠**
>
> Deuter《月满东方》(*East Of The Full Moon*) 深度睡眠
>
> Hubert von Goisern & Norbert J. Schneider《睡眠兄弟》
>
> Tony O'Connor 托尼·奥康诺《梦中时光》(*Dreamtime*) 胎教睡眠音乐
>
> 原声大碟《科学睡眠》(*The Science of Sleep*)
>
> 沈丹《女声低音炮4陪你入睡》
>
> **纯音乐系列—仙境—催眠曲**
>
> 古代曲目：有《阳关三叠》《良宵》《梅花三弄》《汉宫秋月》《黛

玉葬花》《霸王御甲》《高山流水》《鱼中游》

现代曲目：有《感情》《无限的爱》《小城故事》《山水隔不断相思情》《天涯歌女》《太湖美》《江南好》《海滨之夜》《秋思》《小草》

外国曲目：有《悲伤西班牙》《意大利女郎》《月夜》《梦之桥》《摇篮曲》

延伸阅读

睡眠是生活中最大的乐事，当你慢慢变老，睡眠会变得更加重要，更难以享受到。恢复身体和给大脑充电的时候到了，我喜欢把睡眠看做是天使在你脑子里舞蹈的时刻。如果你相信自己有灵魂，你肯定也知道这个灵魂是永恒的。把它禁锢在身体的某个范围内，用日常生活的需求来毁坏它，这就是在限制它。释放你的灵魂，睡眠就是为了让你恢复元气和快乐。它不是我们强加给自己的需要或是对自己的期望。

如果你难以入睡，你不需要感到内疚或觉得自己不负责任。很多因素会扰乱你的正常睡眠模式。由于地球的重力和天气的变化，睡眠也可能不稳定。有时，它会跟情人一样令人难以捉摸。但是，正如真正的恩惠一样，一旦睡意降临，你得到的回报就像心灵之吻。

第7章

The Six Faces of Genius

天才的六面

THE IQ ANSWER

贾森 27 岁，以优异的成绩取得学位后进了一家律师事务所，是这家律师事务所的后起之秀。他家境富裕，体格健壮，潇洒聪明，深受大家喜爱。尽管成功的光环围绕着他，贾森却难以确定自己的身份和自己想在这大千世界中扮演的角色。

贾森的爸爸是一个有势力有影响力的国家级领导人，他是在父亲的庇护下长大的。可是，当他从父亲的庇护下走出来、建立自己的身份时，他却在苦苦地挣扎着。贾森过去总是希望凡事都可以得到爸爸的批准和认同。成年后，他却难以认同自己。贾森像他爸爸一样，表现出一种傲慢的，甚至是霸道的自信。但我和他说话时，我感觉到他只是一个受惊的孩子，自尊心里弥漫着一种疑惑，在没有家庭影响的情景里时尤其如此。在那个大家都知道他的家庭关系的圈子里，贾森扮演的就是他爸爸的儿子的角色，表现出与他那个有权有势的爸爸一样的很强的个性特征。但是，在没有人知道他的家庭关系的圈子里，贾森就变得胆怯和孤僻起来。

贾森已经到了该自立的时候。但他到达这个阶段的时间却比大多数人晚一些，因为他获得大学学士学位后直接进了法学院。因此，他第一次不得不停止扮演爸爸的儿子这种非常舒适的角色。贾森不喜欢这种压力。除了是一个名人的儿子以外，他不敢确定自己是谁。他几乎没有真正的朋友，甚至他的"初恋"女友更多的也是被他家的地位所吸引，而不是被他这个人吸引。贾森毕业后几个月便发现自己情绪低落，有点迷茫，而这也不足为奇。他之所以能进这个相当不错的律师事务所，部分原因是由于他在法学院的表现，但很大程度上还是因为他爸爸的权势、地位和影响力。但是，他的同事们希望他能发挥出自己的最高水平，以证明他现在的工资是合理的。他害怕了。他觉得孤独。他不知道能向谁求助，因为他不想被人看成是软弱的，或是需要帮助的人。他并没有振作起来去证明自己是个律师，而是选择放弃。他还宣布说他真正喜欢的是写作，并且打算以此作为自己的职业。

他不知道，人们只会去阅读那些能给人以价值的东西，或者至少是能提供娱乐的作家的作品。贾森不是一个特别内省或特别聪明的年轻人，而且他也缺乏足够的经历去弥补这方面的不足。他也意识到了这一点，他不断地换工作，并声称正在为自己的创作积累各种经验，以此来"掩藏"自己。这是一个巧妙的策略，因为这可以使他拖延任何一个真正的目标的实现，这也降低了他人对他的期望。但是，这对增强他的自信心无济于事，他知道他正欺骗着每一个人。

在寻找经历的同时，贾森到南美洲旅行。在那里，他见识了萨满教具有治疗作用的仪式，这些仪式中原始的舞蹈和粗嘎的语调使他着迷。通过一个陪伴他的导游的翻译，贾森向萨满教巫师提了一些关于他们那种治疗方法的问题，不料那个丛林治病术士直视着他，然后用贾森自己提的问题反问道：

"你已经开始知道你真正是谁了，是吗？"

贾森很震惊，起初还有点生气，后来却发现自己已经被那个巫师吸引了。

"关于我的命运，你能告诉我点什么？关于我将来会做什么，你有什么话要说？"他问道。

那个巫师笑了笑，露出一口不整齐而且还缺了几颗的牙齿。他示意贾森和他坐在一起，他们那天谈了好几个小时。那个巫师一边抽着一种不知道用什么原料制成的烟，一边听他说话。最后，他说："年轻人，我知道你是个有着特定品质的人，他们还告诉我说你很有势力。你将要面临的是一种陌生而且不稳定的生活，因为过去一直是别人在为你生活，这就剥夺了你了解自我的权利。因此，你只知道自己属于公牛的那部分。"

贾森费力地寻思："你说我的'公牛'是什么意思？"

"人有很多面，就像宝石一样，"巫师回答道，"如果我们只知道一面，我们就限制了自己的机会和对自己的了解。你是一头公牛，因为那是你爸爸对你的要求和他希望你去做的事，但你不仅仅如此。你爸爸也不仅仅如此。我关心的不是他，你更像一块宝石。"

巫师让贾森考虑了将近1个小时。他拒绝回答其他任何问题，只是在一旁默默地抽烟。最后，那个巫师又开始说话了。贾森悄悄打开磁带录音机，他以为这样做很聪明。结果，他后来发现磁带是空白的。

"我们都是有很多面的人，当你了解这些方面，并明智地运用它们的时候，你就会变得更加强大。我们正式的面具代表着我们的多面。你一直戴着的是那张强壮的公牛的面具，但是，如果你仅仅做一头公牛，你就不可能活得明智。"巫师大笑起来，"在女朋友面前，你可以扮演一头公牛，但在妈妈或妻子面前，你永远都不能扮演公牛。"

他指着贾森的胸膛说："在没有变成自己想做的那个人之前，你必须成为自己的狼，然后成为海狸。"

贾森仍然是丈二和尚摸不着头脑。但是，当巫师举手叫他安静的时候，他克制着想再进一步向他提问的冲动，他能看得出来巫师累了。但是，在巫师让他离开之前，他希望能多了解一点。当巫师慢慢起身走向棚屋的时候，他有点失望了。

贾森的翻译说："他已经把要做的事情都做了。你现在要给他一个礼物，以答谢他给你的智慧。"

贾森边问边把手伸进口袋里掏钱："多少钱？"

翻译解释说："他不想要钱。他无论如何都是不买东西的，但他喜欢美国的香烟和啤酒。"

坐车回宾馆时，贾森仔细思考了巫师的话。他细想道："我们的文化教导我们，人有一个永远活着的灵魂，但巫师说我们向世界展现的至少是六副面孔或面具。"

第 7 章 天才的六面
The Six Faces of Genius

他的翻译告诉他，那六个基本的面孔是：狼、鹰、蛇、公牛、鹿和海狸。

贾森低声说："我是一头公牛？"

翻译急忙解释说："你大多数时候戴着公牛这副面具。巫师说你使用这副面具太多了。"

贾森问："这是什么意思？"

翻译笑了，因为他正在接受训练，准备成为萨满巫师，有一个听众可以让他练习学到的知识，他很乐意。"狼是我们内心的老师，为了维持我们的传统，我们要成为这个老师；鹰有一双可以看到地平线之外的敏锐眼睛，为了看到超出我们视线范围的东西，我们变成鹰；蛇很神秘，而且它的毒液具有治疗的功效；你过度使用的公牛是强有力的武士，视线狭窄但洞察力强；鹿是给予者和养育者；而海狸是世界的建筑者，它具有对细节的洞察力和构造力。"

贾森目瞪口呆："你是说我必须学会戴我其他的这些面具。作为一头公牛，或你所说的武士，我一直过于专横地得到自己的东西。那么，现在我该开始戴哪个面具呢？"

翻译耸了耸肩："你遇到的挑战是什么？面具和挑战是相匹配的。"

贾森想了几分钟，尽力地去想他所遇到的问题。"我想，我的问题首先是友谊。我认为所有的人都在跟我竞争，我不信任他们。"

"那么，你想建立关系和交朋友，"翻译说，并把重音落在"建立"这个词上。他想让贾森理解他的意思，而不用说得太直白。

贾森立即明白了他的意思："我必须成为一只海狸。那接下来我该怎么做呢？戴上海狸面具？"

"你们美国人的脑筋太死板了。为了达到共同的目标，你必须学会怎样去成为一名队员，并且开始去信任别人。你必须变得对其他队员的任务和个人能力敏感起来。这个面具不是伪装，它是你自己的一部分，并且是能力的集合。如果你想建立关系，你得知道建立关系需要些什么。你生活中没有这样一个楷模，是吧？"

113

贾森看起来有点伤心。"我想，我把我所有的时间都用在学习怎样做公牛上面了。"

翻译哈哈笑着回答说："而且你学得不错，非常好。不要为了别的而去牺牲它。它迟早都会派上用场的。你不会因为过度使用它而变成一个坏人，你只是没有把握好平衡度。"

故事的结局还没完，但贾森的确学会了怎样做"海狸"。结果，他有了朋友，也得到了智慧。最后，他又回到法律界，他对其他面具的掌握使他成为了刑事审判中的一位颇具威严的律师。

多面人格

对于个人优点而言，完整和平衡是关键。我们的生活有很多面，我们是有很多特征和矛盾的人。想一想那种由很多股单线构成的粗绳，如果我们小心地把这些线合并起来并缠在一起，这些单线合在一起的力量就比每股线单独的力量更大。我们面对的挑战就是把自我的各个方面融合在一起，变成我们所能变成的最强大的实体。正所谓："合则存，分则亡。"

这就是巫师给贾森的那些教训的根据。我们的力量在于把我们人格的各个方面结合起来。在早期的心理学先驱如威廉·詹姆斯(William James)和卡尔·荣格(Carl Jung)的著作中也有相同的信息。大脑里有解释我们多重人格特征或"宝石的各个侧面"的生物学基础，这些多重神经潜能肯定都是生存所需要的东西。

布伦丹·奥里根(Brendan O'Regan)和卡里尔·赫什伯格(Caryle Hirshberg)在没有寻求医治的癌症病人中开展了一个研究项目，主要研究癌症的自然好转。他们在这些幸存者中发现了两个一致的特征：

1. 每个病人都决定去改变生命。
2. 每个人都进行了一次人格的转变。

这些病人普遍都是这样引发人格转变的：把自己放进新的、不熟悉的环境中，迫使自己为了生存去作出改变。一个患肺癌的纽约妇女去了沙漠，她在那里经历了一次精神转变，这帮助她摆脱了以自我为中心的生活，并同时摆脱了癌症。

人们通过转变自己的人格和改变自己的处世态度战胜了疾病，关于这种事情的报道已经有数百篇。濒死体验(Near-death experience, NDE)已被证明可以改变大脑功能和促成性格调整。不管是被描述成"再生"还是"精神应急状态"，这些转变已被证明可以引起大脑的革新变化，这些变化可以证实个人体验和生物变化的存在。

早在1889年，当皮埃尔·珍妮特(Pierre Janet)假定每个人的性格至少都有两面时，"多重意识"这个概念就被赋予了专业的定义。1907年，莫顿·普林斯(Morton Prince)提出，"下意识"这个词可以被理解为一个人的两种或更多意识系统同时的活动。距离现在更近的约翰·比尔斯(John Beahrs)提出，我们应该把一个人意识的总和看做人格。

卡尔·荣格把多重意识的特征描述成"情结或精神分裂"。他运用词汇联想测试得出结论：自我就是用不同的优点和能力来保护自己的次人格(subpersonalities)的中心。他区分了阴影、阿尼玛(男性的女性倾向)和阿尼姆斯(女性的男性倾向)、灵魂的原型和本我。

所有这些心理学方面的先驱们都支持多重意识本我的存在和必要性。大脑结构的设计本来就是为了顾及人格的这些组合的。正常的意识被认为是来源于"三位一体的大脑"，一个显然是从生存本能进化而来的、具有三重个性的理论上的组织。爬虫类大脑这个最古老的组成部分，包括脑干和很多网状系统，这些组成部分是构成生命的最基本要素，因此，它们是和最原始的动物联系在一起的，比如蛇、乌龟和短吻鳄。这些爬行动物没有快感中枢，也没有我们通常视为真正"人类"的特点。我并非不尊重爬行动物，但我可以想到一些在很多方面更像蛇、乌龟和短吻鳄的人。

第二重大脑是古哺乳类脑，它包括脑边缘系统和中脑。这是快感中枢和社交中枢所在的情感部分。我们就是从这个区域获得为了生存和舒适而组建社会的能力的。第三重大脑结构叫新哺乳类脑或新大脑皮层，它包括大脑剩余的类似于"计算机"的组成部分。它是智力策划的场所，这一层大脑所负责的智力活动包括学习和计算。

弗洛伊德提出了精神分为3个共存的部分：本我、自我和超我。虽然自我是为本我（爬虫类脑）和超我（情感或边缘大脑）服务的，但生存和成功的意识策略是依赖3个部分健康的神经运作来获得其最大力量的。如果本我意识弱，你的心理能量就会减弱。

人类意识的决定性组成部分，即基本的大脑组成部分，是左脑和右脑之间的一条纤维纽带，叫胼胝体。它让我们感受到自我反思的痛苦。当你站在两面镜子之间时，你就可以看到自己的两面。由于胼胝体的作用，左右脑可以共同协作，让你在内心反思你的行为和经历。

当我们拒绝对"整个"自我进行反思的时候，我们人格的一面会被"卡住"。欺骗性的消极自我形象就是一个这样的陷阱。选择这种消极的角色有一定的安全性，但这是一个弄巧成拙的想法。正是因为这种把自己局限在特定人格中的自我限制制约了我们的潜能。贾森过于认同他爸爸的"公牛"人格角色，以至于这成了他所知道或想知道的一切。请注意，这不是"多重人格或人格分裂"的问题。被大肆渲染的多重人格异常是焦虑症的结果，是患焦虑症的人在严重压力下发生的人格分化。这是一种逃避机制，也是一种自我保护形式，被焦虑症困扰的人把这里当成避难所，因而，不同的人格便在此形成。

"人格分裂"是另外一个描述精神分裂症或人格机能障碍的词。精神分裂症患者有时哭有时笑，这个人内心与外部现实的联系完全出现了障碍。

评估你的人格模式

内在的不同人格类型模式有很多种，为了简明起见，我们沿用那个巫师的6种类型人格模式。我们来评估一下他的模式在多大程度上适用于你。

用优、良、合格、较差和差回答下列陈述。优：这个陈述完全描写出了你的优点和能力；良：这个陈述基本描写出了你的优点和能力；合格：这个陈述描写了你想怎样去做但却感觉缺乏能力去实现；较差：你很少意识到这是对自己的一种描述；差：这种情况是你不想要的或从来没考虑过的。记住，你会在不同的情景下运用不同的优点，或者，它们会根据你承受压力的情况而变化。因此，其中的某些方面会比其他方面用得更多或者更少。

狼：

1. 我具有教导其他人生活真理的能力和耐心。

   优　　良　　合格　　较差　　差

2. 我珍视从历史中学到的真理。

   优　　良　　合格　　较差　　差

3. 我对他人敏感，我的任务就是帮助他们成为他们能够成为的最优秀的人。

   优　　良　　合格　　较差　　差

4. 我过的是教师或生活铸造者的生活。

   优　　良　　合格　　较差　　差

5. 我相信，通向满足的途径在于总是做生活的学生。

   优　　良　　合格　　较差　　差

鹰：

6. 我认为我能解决心理冲突，并弄清楚这些冲突存在的原因，以及它们给我的真正教训是什么。

   优　　良　　合格　　较差　　差

7. 生活没有它看起来的那么复杂。

   优　　良　　合格　　较差　　差

8. 我通常可以看到问题的不同方面，而且大多数时候我会在冲突中既看到喜剧又看到悲剧。

   优　　良　　合格　　较差　　差

9. 判断一种局势时，我喜欢从宏观方面来看它，而不是把注意力集中在某些细节上。

优　　良　　合格　　较差　　差

10. 我相信，某些问题是没有解决办法的，对付这些问题唯一的方法就是超越它们或让时间来解决它们。

优　　良　　合格　　较差　　差

蛇：

11. 我可以在别人身上看到他们自己看不到的东西，并且感觉自己会不由自主地去帮助他们。

优　　良　　合格　　较差　　差

12. 我能意识到人们的康复需要什么，为了帮助他们获得内心的健康，我常常不顾他们的防御和抵抗。

优　　良　　合格　　较差　　差

13. 我是依靠自己对别人的直觉判断怎样去帮助他们的。

优　　良　　合格　　较差　　差

14. 我通常不会把自己知道的关于别人的情况全部告诉他们，因为我有自己的帮助他们的计划，而且我是通过他们自己没有意识到痛苦的方式去帮助他们。

优　　良　　合格　　较差　　差

15. 当我听别人说话时，除了听他们告诉我的文字内容外，我还在聆听他们的内心，包括它们的情感语气、身体姿势和他们生活里的故事。

优　　良　　合格　　较差　　差

公牛：

16. 当有一个目标时，我会完全专注于实现这个目标，而忽视他人的批评。

优　　良　　合格　　较差　　差

17. 我知道如何利用权力，我会利用它去实现我的目标。

优　　良　　合格　　较差　　差

18. 我常常被看成是一个很有紧迫感的人，因为当我瞄准一个目标时，我很少会去注意别人。

  优 良 合格 较差 差

19. 我常常是个领袖人物，因为我知道应当如何实现团队目标。

  优 良 合格 较差 差

20. 我觉得我能实现我所追求的任何目标。

  优 良 合格 较差 差

鹿：

21. 当我养育别人的时候，我的感觉最好。

  优 良 合格 较差 差

22. 我的任务就是为别人服务，我在这方面做得很好。

  优 良 合格 较差 差

23. 无论我在团队中扮演的角色是什么，我都能很好地融入其中。

  优 良 合格 较差 差

24. 看到别人在我的帮助下取得成功，我感到自己很有力量。

  优 良 合格 较差 差

25. 我竭尽全力保护那些我在乎的人，当他们意识到这点时，他们尊重我。

  优 良 合格 较差 差

海狸：

26. 我注重细节，为了实现目标，我会精心设计一个行动方案。

  优 良 合格 较差 差

27. 我认为，只要认真策划，任何事情都可以完成，因为我具有创造力。

  优 良 合格 较差 差

28. 跟别人交流时，我的思路很清晰。

  优 良 合格 较差 差

29. 我了解让我如愿以偿所需的微妙的政治和心理技巧。

  优 良 合格 较差 差

30. 我喜欢跟别人签订包括所有细节的契约，以便沟通起来更清楚。

　　优　　　良　　　合格　　　较差　　　差

计　分：

每个部分所选的每一个"优"得 4 分，每一个"良"得 3 分，每一个"合格"得 2 分，每一个"较差"得 1 分。把每个部分每道题的分数加起来，每个部分就能得到 5～20 分的分数，把你每个部分的得分和上面的大致分类比较一下。

人格状态	很低	低	中	高	非常高
教师（狼）	5～6	7～9	10～14	15～18	19～20
梦想家（鹰）	5	6～8	9～13	14～18	19～20
治病术士（蛇）	5～6	7～9	10～12	13～18	19～20
武士（公牛）	5	6～8	9～12	13～17	18～20
养育者（鹿）	5	6～9	10～14	15～18	19～20
建筑者（海狸）	5～6	7～8	9～12	13～17	18～20

如何利用你的优势人格

这 6 种人格状态是你出生时就固有的天赋的一部分，它们是各自独立的。你可能在 6 个方面的得分都很高。这些标准和那些你所控制的用于特定情况和情感状态的人格状态有关。比如说，当你处于放松和冥思状态时，你的鹰（梦想家）状态就会高，但你经受压力时，你又回复到海狸（建筑者）状态，并会注意细节。

适当地利用这些人格状态会大大提高你的生活质量。你的公牛人格状态在生意方面会很有用。实际上，我有很多朋友都是生意场上大师级的公牛。但是，在与关系亲密的人交往时，公牛这种人格状态可能会导致鲁莽和冲突。

优势人格状态是积极的方法。但是，这些状态不仅仅限于下面提到的这些。我已经去掉了消极的人格状态,比如受害者或看不见的状态。受害者状态与一系列引发恐惧的步骤有关,在这种状态中,你认为自己无力决定自己的命运。在看不见的状态下,为了不被别人注意,你会悄悄地溜到别人后面去。

让我们更详细地看一下这些基本的人格状态。

狼(教师)

狼这一人格类型就是教师的人格类型。具有狼人格的你是传统和历史上有效的教训的代表。你用你的经验作为互动的背景,你根据需要来运用你的专业知识。为了提高你作为教师的能力,有时你也需要扮演学生这个角色。

我曾经是弗特·穆尼(Vert Mooney)博士领导下的西南医学院(Southwestern Medical School)整形外科部的一个临床教授。虽然穆尼博士是一个极富智慧的人,但他经常扮演学生。当我去找他,跟他说一些研究想法时,他喜欢说:"把我看成一个四年级的学生,然后解释给我听,以便我能明白你说的话。"他的这种方式和阿尔伯特·爱因斯坦的方式很相似。在爱因斯坦作为大学督学时,有一次,他的一位学生非常艰难地试图向他解释自己在量子物理学方面的研究,据说,爱因斯坦是这样劝告这个学生的:"讲慢点,以便我能理解你的观点。"

穆尼博士和爱因斯坦都是超群的思想家和教育家。他们意识到,他们的影响依赖于理解别人和被别人理解。我的朋友和以前的学生菲尔·麦格劳(Phil McGraw)博士甚至在他凭电视节目出名之前就已经是这方面的大师了。他在达拉斯的法庭科学公司(Courtroom Science Inc.)的工作表现很出色。如果说到陪审员和陪审团审讯心理学,全国顶尖的律师都依赖于他的专业知识,把他作为一只狼看待。

菲尔博士用来对待社团客户和他们的律师的座右铭是狼心态的一个很好例子:"为了教他们如何去赢取诉讼案,你得比他们更了解他们的案子。"他确实是这样做的。在他还没与客户见面之前,他会去学工程学、喷气式发动机的构造、亚原子微粒的核聚变速度或任何客户行业里所涉及的知识。他成了一个全能专家,从尼古丁生物加工到与硫的影响有关的臭氧层耗损,他都了解。他首先是学习，然后是聆听。他让自己熟悉这些情况的背景，这样，他就为了解复杂法律案件的细微之处和复杂之处做好了准备。一旦承担了法律规定的义务，他就可以为申诉案件构建一个心理框架。我曾见过公司的高层管理人员和杰出的律师们因为菲尔博士对他们的资料了解得如此详尽而大惑不解。

这种方法需要时间和精力去准备，高智商的必要性就更不用提了。如果你处于危机关头，你就没有时间让自己去处理大量的信息。如果一股龙卷风正朝你这个方向袭来，你也许会想到利用你人格的另外一个方面。

鹰（梦想家）

大多数传统的社会都把神圣的才能赋予鹰——一种高贵的、展翅翱翔的鸟类。有些社会认为，鹰是介于人和上帝之间的动物。鹰的人格状态使你得以鸟瞰一切，赋予你了解问题各个方面的能力。它最难能可贵之处不是解决问题的能力，而是战胜和超越自我的能力，就像一只鹰不是爬过一座山，而是飞过一座山一样。我们假设一个少女因为被男朋友甩了而烦恼，她过分地沉湎于其中，甚至也许会心碎而死。对于同样的问题，鹰的观点是超越，让视野更宽。鹰可以预想几十年后的事情，那时，她从前的男朋友已经变成一个老掉牙的失败者，永远不值得去爱。鹰明白，生活不仅仅是一两天的旅程，今天的伤痛通常只是明天的回忆。

鹰不断高飞，激起阵阵热旋风，其中包括那些由笑声构成的热旋风。同时，鹰人格的梦想家明白，你不可能把每一次盘旋和转向都看得那么重要。有时，命运会跟你开开玩笑，甚至死亡和悲痛都可以用"生活本身就是一个谜"的观点来解释。没有人说生活是公平的，但我们活着的时候所坚持的价值观实际上就体现于我们所做的事情上。古鲁（Gurus，印度的教派领袖。——译者注）和圣人们都来自鹰巢，因为他们对痛苦和快乐都很理解。

蛇（治病术士）

蛇长久以来就有一种神话般的声誉：它是来自地狱的一种动物，穿梭于生与死、善与恶、光明和黑暗之间。美国医学会的徽章上有蛇的标记，这让人想起了古代希腊人用蛇毒来麻醉病人，因为这样会使病人进入熟睡状态。美国印第安人在他们的宗教仪式上也会使用响尾蛇毒。

一个处于蛇人格状态的人通常会以神秘的方式行事，专注于内在的需要。正如巫师运用一些神秘的知识把药液、药膏混合起来一样，蛇人格状态的人不会暴露他或她权威的来源。与情人之间通过亲密了解而拥有的引诱与征服对方的力量一样，这也是一场引诱与征服的游戏，在这场游戏里，每一个人都会去解读力量的剧本。

在我上学的时候，我父母就把这种蛇人格的状态教给了我。出生后不久，我就被诊断为患有精神障碍。因此，我的父母竭尽所能让我为迎接世界的挑战做准备。每年，他们都会让我坐下来，和我一起研究我的老师的心理结构。一个叫史密斯的女老师被我描述成一个偏爱那些表现得勤奋的学生的人。无论这些学生的学习成绩如何，只要他们看起来是很努力的样子，她就会让他们及格。这样，我的计划就是要让我"看起来在努力学习"。因此，不管我的作业多么简单或多么难，我的脸上都会表现出一种经受痛苦和折磨的表情。实际上，我的日子过得很轻松，但我还是坚持那样做。当我取得好成绩时，这位老师就会热情洋溢地称赞我，并且我还会因为令人惊讶的表现而得到好评。

在大学里，我也玩同样的把戏，分析并调整我的方法，以适应每个老师的风格。（但我在读研究生时就有点吃力，因为心理学教授们常常比我预先知道这种把戏。）

蛇人格状态的人就是玩这种把戏的大师。他们善于表现，并以此从其他人身上得到最好的结果。他们能把这种有治疗功用的把戏玩得那么好，以至于人们不由自主地恢复了健康。他们可以控制最顽劣的孩子的行为，他们可以让海里最冰冷的鱼陶醉。

公牛（武士）

公牛人格象征着一心一意的武士。这可能是一种非常强大的人格类型，因为武士的动机中有一种目的感和正直感。武士往往不会担心隐晦的含义或间接的损害，相反，他们会不顾一切地去追求自己的目标。我的一个大学室友就是具有公牛的心理和行为准则的例子。他测量出的 IQ 只有 29，但他以优秀的成绩毕业。我从来没见他用完整的句子写过超过半页的文章，很显然，他有学习障碍，但他的贡献却很卓越。

患注意力缺失症的人难以表现出公牛人格，因为即使他们能集中注意力，也不能做得很好。但是，这种人格状态的人在高度结构化和系统化的环境中，如军队、运动队和耶稣派学院等，却能够做到最好。父母们往往会把他们的孩子导入这种状态，因为他们想让孩子集中精神，走向成功。

武术有利于培养公牛人格状态，很多人也认为武术有助于培养领导能力。在选举总统的时候，我们通常支持这种类型的人，但我们也希望他们能快速地对很多特殊利益群体的需要作出回应，可惜这是公牛不太在行的方面。

鹿（养育者）

也许是因为它温柔的本性和作为猎人的主要食物来源的地位，鹿几乎被一致认为是传统社会的养育图腾。很多社会都认为鹿是母爱和人体美的象征。这种描述非常适合于这种人格状态的付出精神。那些处于这种状态的人通常利用他们的温柔作为保护力量。马丁·路德·金和甘地当然是通过非暴力行使权力的大师。鹿人格对人的正义之心具有吸引力。

金博士和甘地不是通过战争，而是通过勇敢地表现出脆弱而改变世界的。纳尔逊·曼德拉也证明了坚持信念、不怕报复甚至可以让最顽固的敌人放下武器，尤其是在整个世界都拭目以待的时候。要明白什么时候利用这种手段，你必须全面地衡量整个局势，因为你的敌人很可能会超乎想象地失去理智。但是，历史上很多重大的事件都是由采取鹿人格的男人和女人所发动的。（这应该跟不那么崇高的"车灯前的鹿"区分开来。）

海狸（建筑者）

海狸是水坝的建筑者，它具有非凡的构筑和建筑技能，它也是一种注重细节但见识有限的动物。这可能是影响力非常大的人格状态。但这是我自己最弱的人格状态，我已经花了很大的精力去加强它。

我曾经连续几年担任过加利福尼亚、新墨西哥和得克萨斯法院的职业经济学专家，是和一家叫职业经济学公司(Vocational Economics Inc.)的企业合作。我的专业技术就是为受伤的人计算其丧失的赚钱能力。把各种政府统计表格，如生存数据和平均工资，运用于个案，这需要的知识并不少。比如，如果约翰·Q在驾驶一辆叉式升降机时，由于升降机没有正确维修而导致他头部受伤，这个雇员可以控告公司疏忽。我的工作就是确定他头部受伤导致的残疾程度。如果他头部没有受伤，他可能会赚多少钱；在头部受伤的情况下，他能赚多少钱；在他的整个工作生涯中，这些数字该怎样预测。这是一种数字游戏，我在大学时学数学，研究生时主修统计学，这些知识能让我很好地得到合理的预测数据。但是，那些反复盘问我的律师们通常会抓住我的细节问题不放。他们仔细地检查我的计算过程，看看能否找到一些会破坏我在陪审团中信誉的破绽。

我在前25次审判中都没出过任何差错，但是，由于在几次证言中出现了一些细节性的失误，我被毁了。由于那些失误，我经受了沉重的精神痛苦。但对于大多数的案件来说，我对细节的重视激怒了那些试图羞辱我的律师。

六面天才能力

人格面	能　力	情　况	弱　点
狼	教育和领导的能力	传统和利用过去的智慧	知识局限于过去
鹰	先见之明和长远观点	提供指导和引导	不注意细节
蛇	对动机有洞察力	理解别人的意图	灵感受到限制
公牛	聚焦于目标	率领别人走向目标	焦点太窄，看不到别人
鹿	养育和看护	给予感谢和支持	客观思考能力有限
海狸	协调，计划	团队力量，熟知细节	距离太近，看不到宏观方面

从这个表格可以看到，每一种人格都有它的长处，这取决于实际情况和客观形势。不幸的是，每一种情形都没有完美的一面，因此要灵活和创造性地

运用它们。在需要传统智慧和领导的境况中，狼人格最有效；鹰最大的优点在于超越和采取长远的观点；海狸钻研细节；蛇可以洞察语言无法表达的东西，从而了解事情的关键；鹿是温柔影响力的典范；公牛毫不惧怕地向前冲。

当你使用自己的内在力量加强它，并完善你的长处时，这些人格的完美结合会驱使你走向真实性。

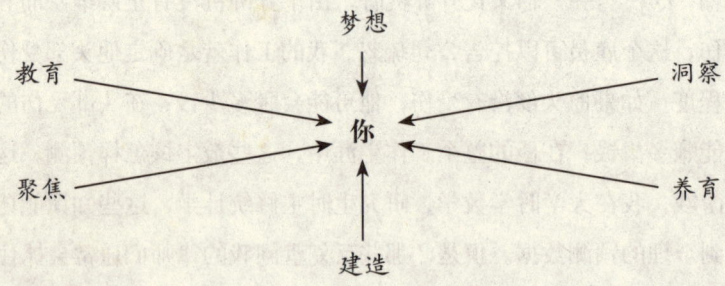

利用优势人格状态除了需要技能和教育外，还需要意识的转变。你必须确定你最弱的状态，并努力地去增强它们。这需要勇气和这样一种意识：你可以成为自己想成为的那种人。你可以成为公牛、鹿或任何你选择的其他状态。如果你努力，你就可以改变自己，但是，你不能让自己陷入对你不再有用的那种人格状态中。

我的任务就是教人们如何找到合适的能力去面对挑战，甚至是致命的挑战。孩子们是最需要经常改善人格状态的，因为他们是受教育最少但受别人控制最多的人。我通常"指导"他们进入某些能力状态，就像足球教练钟情武士状态一样。

在美国橄榄球大联盟中，每一位超级明星都有一种优势状态。达拉斯牛仔队中的托尼·多塞特(Tony Dorsett)和芝加哥熊队的盖尔·塞耶斯(Gale Sayers)都是以前的超级跑卫明星，对于相同的职业，他们曾经提出过不同的观点。

托尼·多塞特说他把自己看做一股旋风，席卷走自己的能量，去击败那些企图对付他的人。当播放他奔跑时的短片时，他实际上是在迅速地逃离那些防卫者。盖尔·塞耶斯幻想的则是逃离那些想给他打针的人的意象。他非常害怕打针，因此，他逃跑，以便逃离他最害怕的事情。

能力状态会影响我们的身体状态。我想起了一个 14 岁女孩的事例。一个强奸犯胁迫她进入沙漠，折磨她，并把她的两只手臂砍下来，然后把她留在沙漠里，希望她流血至死。这时，这个女孩想起了《无敌女金刚》(The Bionic Woman) 这部电视剧，在这部戏里，一个带假肢的女人具有超强的能力。有了这种能力状态作为灵感，这个勇敢的女孩没有躺下来等待死亡，相反，她走了 15 英里，并且最终获救。

延伸阅读

人格力量状态可以从任何你所梦想的意象中被召唤起来。注意这个"起来"的意义，它跟向前动起来、向上升起来及站起来、振奋起来中的"起来"的意思是一样的。不管它是以无敌女金刚、神奇女侠 (Wonder Woman) 还是狼獾的形式出现，重要的是，你要对开发自己最大的才能和大脑潜能负责。这些意象和力量状态是巨大的资源，它们最伟大之处在于，它们来自你的内心！没错，你拥有成功所需的一切。这取决于你！

第 8 章

Overcoming the Emotional Traps That Drain Your Genius

如何释放你的压力

THE IQ ANSWER

10岁的 J. B. 患有轻微的注意力缺失症,但潜力丧失症更为严重。他的父母都是非常成功的人士,他们认为 J. B. 那个年长他 3 岁的哥哥 G. F. 将成为家里的天才。更糟糕的是,J. B. 那个 7 岁的妹妹也是个神童,是学校公认最聪明的女孩。因此,J. B. 被困在一个高期望的笼子里。他爸爸决意要让所有的孩子都成为学术界的明星,他对孩子们的要求每天都在提高。遗憾的是,这位父亲的根本动机就是为了能够告诉自己的父母和兄弟姐妹,他的每个孩子都得到了博士学位。

J. B. 的妈妈对孩子们的期望也非常高。她是门萨协会的会员,她想让孩子们也成为合格的会员。甚至连孩子们玩的游戏都是经过精心设计的,目的是为了让他们做好迎接未来学术和知识挑战的准备。驾车出行时,爸爸或妈妈会提问,孩子们竞相抢答。但 J. B. 并不参加,他总是爱自己玩自己的"游戏"。

我到他家去进行访谈时,J. B. 对我的问题回答得也比较慢。他总是等他的父母先替他回答,而他的父母在这件事上也表现出过多的急切。他的父母不明白,让孩子们互相竞争对 J. B. 而言是不公平的,因为虽然他的轻度注意力缺陷多动症对他的竞争能力只有轻微的妨碍,但这仍然让他感到尴尬。我们对 J. B. 的大脑进行测试时,脑电图扫描显示,他的额叶部位反应稍慢,但仍然能够很好地发挥功能。他能够毫无压力地完成作业,除了限时测试之外,他的得分全部高于平均分。他需要的是鼓励,因为如果他不能立即得出答案,他就会放弃。不过,他仍然能够调整自己,而且成绩也有所提高。他的父母不在家时,他非常活泼友好,但他的爸爸妈妈中只要有一位出现,他立即就会变得沉默冷淡起来。

到第二天测试结束时，J. B. 显然已经又开始自我封闭起来了，因为他的家人总是准备帮他回答问题。我私下问他长大之后想做什么，他回答说："我想去抢银行进监狱，那样我就不用上大学了，而且那还不是我的错。"

我稍微停顿了一下，看看他还会不会作出进一步的解释，然后才回答说："你见过监狱里面是什么样子吗？我见过，而且我也不认为你会希望为此付出不能上大学的代价。或者，你想让别人为你做决定吗？"

这个问题让他不知所措。他认真思考起来，也许是在希望如果他拖延足够长的时间，我就会失去耐心。

最后，他终于说话了："我想，我希望别人帮我做这些决定，因为我不够聪明。"

他擦掉眼角的一滴眼泪。我静静等待着。

最后，他又说："我想，我不知道怎样回答你的问题。"

我直视着他的眼睛，说："你想在那个让人难受的安全陷阱里呆着，还是想学习怎样作出自己的决定，即使这需要一些勇气？"

又是一阵长时间的沉默。然后，他的脸上开始露出笑容："你认为我的父母会允许我自己做决定吗？"

J. B. 过着双重生活，一种是家庭限制内的生活，另一种是他自己私密空间里的生活。我们单独和他一起时，他思路清晰，有分析能力，常常能得体地应对那些需要解决复杂问题的情况，他开始欣赏起自己的智力来。但只要有家人在场，我们就从来看不到这种活力的闪现。大家都很焦急。

3个月后，我收到这封信：

劳利斯博士：

　　谢谢您让我在PNP中心度过的美好时光，我一直记得您问过我的那个问题。我知道您的意思，当我躲避到家人的庇护之下时，我能看出来您很失望，但您要知道，这是一个游戏，我在骗他们。我本来可以告诉您的，但那样您就会告诉我父母，他们就会知道了。我知道自己长大后想做什么，我想做个和您一样的心理学家。

J. B.

我希望 J. B. 知道，他对成功的恐惧将是他成长和自我认识的最大挑战。这个男孩和他的心魔做了一笔交易。为了继续保持家庭动力，他故意在家人的雷达监视屏上消失。只要他还在玩这个游戏，他就永远都不会知道什么是内心的平和。

危险的压力

压力会产生一种叫可体松的压力荷尔蒙。这种荷尔蒙的增加将使大脑发生改变，使它进入生存模式。然后，唯一可能发生的就是"战或逃反应"。你要么看能否从这种情形中逃脱出去，要么找到一种武器打击敌人。如果面临危险的威胁，比如飓风来了，家中有盗贼或者在营地上碰到大灰熊，这些本能都能对人类发挥很大的作用。但是，如果我们由于内心的压力威胁而引发这些"战或逃反应"，就很容易陷入长期焦虑的深渊，这是另外一种杀手。

压力荷尔蒙和许多其他的肾上腺刺激生化物能从根本上阻碍我们身体的恢复，因为我们的器官被限制在一种极度警觉的疲惫状态之中。如果这变成了长期性的情形，我们的组织就会衰退。心血管疾病的主要诱因之一就是血液高度发炎，而发炎是免疫系统对伤害作出的一种反应。凝结剂会让血液的浓度更高，凝结得更快，使与血液循环相关的中风和其他问题更可能发作。免疫系统四处巡查，要想找到敌人，它就可能开始向健康的组织发起进攻，导致自身免疫性疾病的发生，比如关节炎、各种硬化症和狼疮。如果一个人的生活中没有经过毫无压力的阶段，身体不能在这个阶段中重新找到平衡，那么，他的健康状况就会恶化。如果处于持续的压力之下，我们的大脑功能就不能发挥出来，沮丧和抑郁就会夺走我们心里的激情和快乐。

但是，我们并不擅长为自己创造平和的时光。我们很小的时候就学会了怎样"极度受压"，因此变得很擅长于应对压力，比如去看任何一场小型棒球联赛，任何一场初中组的排球赛，或者任何一场青年橄榄球联赛。父母会把压力传给孩子，孩子们则互相分担压力。最近，有个朋友告诉我说，他15岁的女儿不得不终止一段被压力毁掉的友谊。由于功课过重，父母的期望过高，和她女儿相处了很长时间的女友承受了过大的压力，身体功能已经不能正常发挥，早晨在去学校的汽车里，她经常发抖，在学校时也经常呕吐。你可以把原因归结为爱面子、怕被人嘲笑、不切实际的期望或威胁等。然而，无论是以哪种形式，大多数父母总能为自己的行为找到辩护的理由，他们认为他们的所作所为是必要的。大多数人都会声称他们这样做是为孩子着想，但他们的孩子却明显因此而压力过大了。

当然，我们也应该明白，压力可以是一件好事和有用的工具。为了成功，你必须提高自己承受压力的能力。尽管承受理想的压力水平有助于大脑注意力的集中，但长期忍受极大的压力会导致挑战的增加。你的注意力不再集中，身体不再协调，你不能在生活中重要的事情上找到平衡。长此以往，你最大的损失就是内心失去安宁。

我热爱运动和竞争，所以我不反对体育。但事情已经失去控制。一次又一次，我看到父母驱使自己的孩子去"更努力地尝试"，言下之意是孩子们太懒惰，好像那些可怜的孩子们承受的压力还不够似的。一次，有位家长居然告诉我说他对自己的孩子很生气，因为他的孩子看上去压力不够。任何一个人，只要能真正理解压力所造成的影响，都不应该那样去要求一个孩子。相信我，他们很快就会承受足够的压力。

在接受过我治疗的一个家庭中，一个男孩把妈妈的车开出去撞坏了。治疗结束时，我注意到那位母亲并不满意。当我问她我们讨论过的措施是否得当时，她的回答是："恰当，但他看上去压力不够。我想让他感到难过，真正的难过。"

这些人居然认为压力是孩子想要的东西，他们从哪里得到这样的观念？当然，如果是为了不遭受袭击，从一幢燃烧的建筑物中逃生，或者从剑齿虎口中脱险，那么孩子的肾上腺素猛增，这是再好不过的事。但是，父母们，天天给孩子服用压力药剂，这对孩子的长期健康是没有好处的。压力是一种流行病，但过量服用药物这种治疗方法会比疾病本身更可怕。

测测你受到压力威胁了吗

听好了！——你感觉有压力吗？我设计了一份问卷，有助于你提高对压力危险的认识，并了解内心的安宁对理想的心理机能的益处。你只需用"是"或"不是"来回答这些问题即可。为了减轻你的压力，我甚至为你提供了第3种选择"有时是"。现在就开始回答吧，看看你的心理能力有没有由于缺乏内心的安宁而受到威胁。

☑ 安宁需求问卷

1. 我感觉我的生活状况已经失去控制。

    是　　　有时是　　　不是

2. 我认为别人生活得比我好。

    是　　　有时是　　　不是

3. 无论我多么努力想别的事情，脑子里总是有些挥之不去的焦虑。

    是　　　有时是　　　不是

4. 我不能把注意力集中到需要解决的问题上。

    是　　　有时是　　　不是

5. 我发现自己非常爱做白日梦。

    是　　　有时是　　　不是

6. 我很容易疲倦和失去精力。

    是　　　有时是　　　不是

7. 在家人养育我的过程中，我是家里的牺牲品。

    是　　　有时是　　　不是

8. 当我试图解决问题时，会被困难吓倒，所以经常放弃。我希望得到比我更聪明的人的帮助。

  是   有时是   不是

9. 当我被困难吓倒时，我会用吃营养食物的方法进行自我安慰，比如甜的和咸的夹心食品。

  是   有时是   不是

10. 遇到问题时，我喜欢通过看电视、参加聚会等方法来回避它们。

  是   有时是   不是

11. 我的问题没法解决。

  是   有时是   不是

12. 我就是不能停止为自己的问题而焦虑。

  是   有时是   不是

13. 我不是在工作和奔忙就是在睡觉，其他什么事也不做。

  是   有时是   不是

14. 我身上经常疼痛：胃痛、头痛、背痛、关节痛。

  是   有时是   不是

15. 我不喜欢做新的事情。

  是   有时是   不是

计 分：

以上各项中，"是"得2分，"有时是"得1分。总分在0～30之间，加一下你的总分，并将你的得分与下面的说明进行比较：

总 分	说 明
22～30	这个得分表明你的心理活动已经受到最大的消极影响。你正在让压力极大地干扰你的心理能力，而且你的许多挑战可能都是你自己引起的。
15～21	你的心理活动中需要更多的安宁，这能使你更加有效地应对问题。

9～14　　　　　你需要更安宁的心理状态，这能让你将大部分正在妨碍你实现生活目标的心理包袱放下来。

4～8　　　　　你的生活好像相对很平衡，但是，还有一些需要你去解决的问题，这将对你取得成功有所帮助。

0～3　　　　　几乎没有什么迹象表明你可能有心理障碍，你的心智可以得到持续发展。

安宁的两个基本方面

恐惧和矛盾心态是自然的情绪反应。即使是婴儿，也能用"惊跳反射"(startle reflex)来表达恐惧。如果孩子感觉到自己正在下落或者受到突然的惊吓，他的小胳膊就会向上伸。随着年龄的增长，我们对恐惧的反应变得更为复杂，但它仍然能对我们产生破坏力，妨碍我们去实现自己的梦想。通常，当恐惧袭来时，我们能找到办法让自己所能预见的痛苦最小化。但是，在大多数情况下，这样的"游戏"只会进一步妨碍我们实现梦想。

为了最大限度地降低被拒绝的痛苦，J.B. 故意装出无能的样子。但他的小把戏也会妨碍他成功，而且还会剥夺他的心理安宁。他的"游戏"成了他的全职工作。

多数人经历的基本恐惧有 7 种。现在，请根据对每种恐惧的描述来衡量它们在你的基本恐惧强度标尺上所处的位置：从 1 分（很弱）到 10 分（很强）。

1. 没有生存能力：这种恐惧可能意味着死亡，但更多的是意味着失去生存手段。在新产生的百万富翁中，最大的这种恐惧就是成为一个"穷人"。

计分：(1～10)_____

2. 不安全感：这种恐惧往往和被遗弃或某种依靠被中断有关，在婚姻问题中最常见，两性关系也不能让它减轻。

计分：(1～10)_____

3. 失去爱：说得更具体一些，这种恐惧可能是害怕自己不值得被人爱。

计分：(1～10)_____

4. 失去自尊：如果自尊是建立在外在因素的基础之上，如金钱、权利或家庭地位等，这种恐惧可能更明显。

计分：(1～10)_____

5. 无能为力：当一个人不能表达自己在两性关系中的情感需要时，这种恐惧最常见。

计分：(1～10)_____

6. 失去自控能力：在老年人和可能患失智症的人群中，这种恐惧最明显。但在那些害怕焦虑或沮丧会让自己丧失能力、影响工作表现或业绩的人群中间，这种恐惧也很常见。

计分：(1～10)_____

7. 失去生活的意义：这种恐惧与一个人失去继续活下去迎接生活挑战的理由有关。如果已经看不到自己的个人奉献对某人或某件事还有什么意义，你很可能会迷失自己。

计分：(1～10)_____

得分越高，你被困在一种矛盾心态中的可能性就越大。恰当的恐惧有助于保护你远离危险，但不理性的恐惧则会妨碍你实现梦想，剥夺你内心的安宁。矛盾心态就像是一个人被卡在中间，因为你不知道该往前走还是向后退，它还会影响到你控制自己命运的能力。伊莱 (Eli) 感到左右为难，因为他想当厨师，但又想让父母高兴，而父母希望他成为他们教堂里的音乐指挥。再来看看乔纳斯的情况，他表示想自己当老板，但又想得到有保障的工作，他也被卡在中间了。

没有谁能什么都做好，没有谁能什么都得到。我们必须决定要把自己的生命奉献给什么，然后放弃其他选择。

利用下面的练习来评估一下你的矛盾心态。

步骤 1　确定目标

写下 10 个你觉得最重要的生活目标，包括两性关系（婚姻和家庭）、事业成功、名望、爱情和你想包含在这个清单中的其他方面。

1.＿＿＿＿＿＿＿＿＿＿　　2.＿＿＿＿＿＿＿＿＿＿
3.＿＿＿＿＿＿＿＿＿＿　　4.＿＿＿＿＿＿＿＿＿＿
5.＿＿＿＿＿＿＿＿＿＿　　6.＿＿＿＿＿＿＿＿＿＿
7.＿＿＿＿＿＿＿＿＿＿　　8.＿＿＿＿＿＿＿＿＿＿
9.＿＿＿＿＿＿＿＿＿＿　　10.＿＿＿＿＿＿＿＿＿

步骤 2　有取有舍

下一步是决定在这些首要目标中，你要舍弃哪一个或哪一些，只需要把你认为对实现你的理想不那么重要的因素划掉就行了。你可能仍然需要这些因素，但为了实现其他目标，你愿意舍弃它们。

步骤 3　主次分明

对剩下的因素进行排序，确定你最重要的需要、第二重要的需要，依此类推，得到的就是你需优先考虑的生活目标清单，这就是你生活的意义所在。

我的临床实践证明，你有 90% 的可能实现最重要的需要，有 15% 的机会实现第二重要的需要。但是，如果第二个需要与第一个需要互相冲突，那么，第二需要实现的可能性就会降低到 1%。你的第 3 个选择可能有 5% 的希望实现，但那已经是最大值。同样，前提是它与前面的两种需要没有直接的冲突。我之所以能够这么自信地说，是因为你的大脑能够在一个特定的目标上进行多少投入，这是有人类定律的。这种投入是有限的，因为你的时间和精力都是有限的。任何冲突或者矛盾的心态都会对这两种可用的资源造成浪费。

这个评估结果既有好的一面也有不好的一面。好的一面是，只要你把注意力集中起来，你就能实现你想实现的任何目标。你可以赚到百万美元（不是开玩笑），减掉上百磅的多余体重，获得博士学位，或者和市长的漂亮女儿结婚。但不好的一面是，你不可能立即实现全部目标。你必须致力于一个最重要的目标，而且矛盾的心态是不允许存在的。

逃避恐惧的把戏

恐惧陷阱可能相对比较容易被发现。我们都有包袱，在人的一生中，很可能会掉到某些陷阱中去。我们需要培养从这些陷阱中爬出来的技能，而这并非易事。一旦掉进这些陷阱，我们就会失去把大脑的能量全部发挥出来的能力。我们的机会将受到限制，从而偏离通往梦想的道路。当我们发明一些游戏来避免痛苦或恐惧时，我们仍然是在阻碍自己走向成功。这只是另一个陷阱，是我们自己挖掘的陷阱。为了保持自己对命运的掌控，你需要识别哪些是陷阱，哪些是小把戏。

我们杜撰出来的可以用于保护自己不被恐惧伤害的基本策略是：报复、力量争斗、吸引注意力和假装无能。

报复是对丧失力量的恐惧的直接反应。人们认为报复能够产生补偿的心理确是一个荒诞的神话。这个神话说，一旦报复成功，你就能感觉到心理上的安宁。而这是根本不可能的，你不可能用报复的行为来解除心里的焦虑。就算是让一个杀人犯受到法律制裁，也不可能补偿死者失去的生命。一个凶杀案受害者的家人是这样说的："我原来以为我会好过一点，可惜没有。"即使将这样的杀人犯判处死刑，也不可能让报复者的内心得到安宁。

力量争斗是为了平息破坏内心安宁的骚乱状态而进行的抗争，以"责难游戏"(blaming game) 的形式表现出来。在这种游戏中，某个人或某件事成为我们的恐惧和矛盾心态的目标。我是"菲尔博士秀"节目嘉宾病后护理和治疗部主任，与助手安东尼·哈斯金斯 (Anthony Haskins) 合作，负责兑现菲尔博士对嘉宾的承诺。如果菲尔博士说他的节目将在播出之后提供长期的咨询服务，我们的工作就是跟进落实，兑现这个承诺。这是很大的责任，而且可能会变得很复杂。有时我们也会成为责难游戏的目标。有时，我们甚至会因为一些与节目没有多大关系的事情而受到责难。一次，我们接到一位父亲打来的电话，好像是他把儿子送去参加一次露营活动，由于这个活动曾在一个播放"菲尔博士秀"节目的频道上做过广告，而且那个频道每天都要播出"菲尔博士秀"节目，这个人就觉得菲尔博士和他的人（也就是我）应该知道他儿子在哪里。最后，我们的确尽力帮助他找到了儿子，但是，据那些组织露营活动的机构向我们透露的信息看来，这可能是不合法的。这位父亲感觉自己受到了不公正的对待，就把矛头对准电视节目，而不是去正视自己的恐惧。

这位父亲的愤慨是力量争斗的好例子，因为他找错了目标。力量争斗很少发生在两个人之间，实际上，它是一个人对自己内心挣扎的恐惧，只不过放错了地方。其他人常常很容易成为被责难的目标，最常见的力量争斗是我们与父母之间的争斗。许多成年人仍然把自己的问题怪罪到父母身上，他们好像不明白，即使父母在某些方面让他们失望过，但一味地责难是没有任何好处的。这不仅不会对他们的恐惧起到任何安慰作用，还会造成无休止的矛盾心态，让他们的内心永远得不到安宁。唯一的解决办法是宽恕和正确的沟通。

吸引注意力是试图通过得到承认和展现自己的能力找到内心安宁的方式。这也是所谓的"看着我"(look at me)游戏。在这个游戏中，我们试图用成就来掩盖自己内心最深的恐惧。一个叫艾萨克的病人觉得母亲给他的爱不可靠，因为母亲只关心他在学术上取得的成就。他曾花了很多时间尝试用其他方式赢得母亲的爱，比如骑自行车时两手都不扶车把等，但他并没有成功。他还成了熟练的钢琴演奏者，但仍然没有得到母亲的爱。他有一种强迫性的恐惧，生怕母亲哪天会把他忘了。

> 我是在一个疼痛专科门诊遇到他的，他是那里的病人，正在参加一个康复训练计划。他患有几种背部痉挛症，病情很复杂，因为没有发现明显的病因。而且他还接受过一次脊柱手术，但症状并没有减轻。令我感兴趣的是，除了到诊所就诊之外，艾萨克上班时从未请过一天假。

他对公司的事情总是很关心，每天都打电话去询问。

在一次小组治疗活动期间，每个病人都谈到了自己的恐惧。艾萨克说明了自己的问题，两个组员针对他的疼痛、恐惧和矛盾心态的根源对他进行提问。艾萨克慢慢意识到他的恐惧源自何处。他本来就是个非常聪明的人，现在，他认识到自己陷入了一个陷阱之中，为了改善健康状况，他需要走上一条新路。

进行治疗时，我们探讨了艾萨克的恐惧，但没有真正谈及他的疼痛问题，他不再玩自己的游戏，开始设立一些更有见地、更清晰的目标。不出5个星期，疼痛自行消失。症状的变化并不重要，重要的是我们根本没有谈论过疼痛的问题，因为它本身可能就存在于一种潜意识中，重要的是我们找到了根源。

假装无能的把戏是许多人面临的主要问题。他们只知道无能对他们有益，这通常被称为"学来的无助"(learned helplessness)。这种现象常常从童年时代就开始了，孩子们学会了假装无能，以便让别人去承担责任。这个"别人"通常是一个在玩另一种游戏的救星。我也玩过类似的游戏，那是因为我不喜欢洗碗。

在洗碗的过程中，我总是慢悠悠的，在厨房里拖延时间，还故意狼吞虎咽地去吃剩下的饭菜。更糟糕的是，我还故意不把盘子和锅洗干净。如果被父母指出有问题，我会把一个碟子重新洗上好几遍，因为那种牺牲是值得的。结果，我赢了。我被宣布为不合格的洗碗工，摆脱了那种职责。但那场小胜利得到的战果是被派去打扫洗手间。我这才发现洗碗终究不是最令人厌恶的工作。我发了无数的牢骚，玩了更多游戏，最后终于重新得到洗碗的工作。摆脱马桶之后，生活才回到一条更加平静的道路上。

学来的无助还可以以下面这些形式表现出来：酒精和药物的滥用、肥胖、慢性疼痛，甚至饮食失调。如果走向极端，这些习惯就会发展成严重的疾病。

不过，归根结底都是因为人们想要逃避自己生活中的责任，才得不到自己的安宁和快乐。

获得安宁的自我训练法

很少有人真正知道放松是什么感觉，大多数美国人压力重重。没有课程、学校或电视节目来教我们怎样用有效的方法得到内心的安宁。这个世界的噪声太大，每天都有那么多焦虑和恐惧让我们分心，这一切往往会耗尽我们的情感能量。但是，我们已经找到了让我们获得安宁的方法，而且已经在各种文化背景中得到证实。安宁与和谐是情感健康的基础。

我已经设计了一套学习计划。你可以在这里先了解一下，行动起来。如果想进一步付诸行动，请到 Mindbodyseries.com 去订购我的松弛训练 CD，还有其他很优秀的松弛反应治疗师或生物反馈治疗师，他们都能对你进行直接训练。追求内心的安宁没有任何副作用。

创造安宁的训练计划是一个包括 4 个阶段的过程：

1. 拓宽通向安宁的道路

我已经向你介绍过刺激大脑不同部位的呼吸方法。我还想介绍一些通过放松过程获得安宁的具体方法。为了通过第一关，你必须作出一些承诺。你不能只是因为要找到安宁而学习这些，这是一种生活方式，需要承诺。你必须做到：

每天放松 30 分钟。这是你必须要优先考虑的事情，而不是把所有工作做完之后挤出一点时间来完成的事。这也许是所有要求中最苛刻的，但如果你做不到这一点，你就是在浪费时间。

选定一个不会被打扰的安静的地方。除非遇到国家紧急状况或者飓风马上就要来了，这个地方应该没有任何可以让你分心的东西（没有电视机、收音机、电话等，也听不到别人的谈话）。如果你需要能起到镇静作用的音乐，应该选择没有歌词的音乐，最好也不要是节奏感很强的旋律。有些人会点上蜡烛，这很好，但没必要。

找到一种让肌肉最舒服的身体姿势。有人盘腿坐下，以便保持脊柱挺直。我知道的最好的放松姿势是在一张长沙发上躺下，或者背靠墙坐下，所穿的衣服应该是宽松舒适的。

在你进入这个平静阶段的初期会比较困难，因为你必须抛开所有其他的思想和活动，这种感觉可能有点奇怪。因此，你要十分清楚，这个阶段是属于你自己的。

获得内心安宁的第一种方法：综合运用呼吸技巧。感觉自己在呼吸，只有呼吸。把呼吸与脉搏或心跳的循环时间结合起来，这可能会有所帮助，因为这可以让每次呼气和吸气的时间长度一样。如果你觉得心脏跳动3次，呼气或吸气一次比较舒服，那你可以在3次心跳的时间内吸气一次，并在3次心跳的时间内呼气一次。在放松的过程中，这些循环是很容易改变的，但最重要的还是集中注意力。

保持这种呼吸模式至少20分钟，让身体遵循同样的呼吸模式，松弛程度随着每一次呼气慢慢加深。刚开始的时候，保持这种模式两分钟都会有困难，因为你的大脑还没有习惯这种没有喧闹的状况。我发现，每当一种想法或者焦虑进入我的大脑时，我不是试图抵制它，而是允许它从大脑里过去，但也不去处理它，就像一艘帆船静静地从你脑海中飘过，但却并不改变航向。

如果你的注意力不能继续集中，或者感到乏味，不要放弃，重新进入状态。单单是这种练习都会将你带入安宁的状态。

获得内心安宁的第二种方法：利用任何意象，不只是视觉意象，也包括其他任何感觉作为手段。对大多数人来说，回忆声音都很容易，比如音乐或者令人安慰的祈祷等，回忆按摩时的触摸和其他舒适体验也比较容易。也许最容易回忆起来的感觉是气味，比如记起鲜花或其他物品的气味。茉莉花、薰衣草和玫瑰的气味都具有引发松弛的强大功效。一个让你感到愉悦的人的气味也能起到强大的帮助作用。

你可以通过让自己心智徜徉的方式创造自己的意象。注意，当你在"漫游"的时候，一定不能在一个地方停留过久，不要让过去的想法介入或干扰你现在的状态。我最喜欢的意象是从地球中间穿越过去，或者在天空中飞翔。

有时，利用美好的记忆作为自己的意象可能会有用。听海浪的声音或者雨点打在屋顶上的声音，可能会对你起到相当有效的放松作用。蜷缩在柔软的床上，躺在水上的筏子上，或者在吊床上晃荡，这些都是我最喜欢的几种放松方式之一。小孩子们最喜欢的好像是在温热潮湿的泥土中玩耍。有些人则利用深刻的治疗经历以及消遣性的冥想作为向导。

创造意象的经历可以是令人愉快和有教育意义的。你可能发现某些符号，比如颜色、气味和动物可以成为富于灵感与洞察力的媒介。如果你让自己有独处的时间，你的心灵就有可能愈合，这是千真万确的。

2. 识别获得安宁需要面临的挑战

通过对恐惧和矛盾心态的评估，你已经认识了一些妨碍你获得内心安宁的因素。这就像是面对自己内心的恶魔，并发现它们的弱点。重要的是，当你尝试这样做的时候，必须确保你处于放松的状态，否则，这可能会加剧你的焦虑。在你感觉舒适的时候去正视自己最大的恐惧。如果你感觉到压力正在产生，就从意象中抽身出来，回到松弛状态，等待片刻。

训练自己正视恐惧的能力，这能让你拥有两种重要的工具。最重要的一种是你可以学着从这些恐惧中抽身出来，学着控制自己的心智，控制自己想要思考的东西。第二种是，你也许会发现自己的恐惧其实并不是真的那么可怕。如果你不能正视它们，而是一味地回避它们，它们就会更加可怕。

或许这听上去与你对内心安宁的理解相反，但请相信我，如果你把这些恶魔看成虚构的东西，你很快就可以消除它们。但是，有些却是生活中真实的恐惧。比如：

> 我的一个病人弗兰克患有艾滋病，他最大的恐惧就是死亡。当他进入最深层的放松状态时，他看到了代表死亡的象征符号——一只黑

蜘蛛。他继续保持放松状态，慢慢开始感觉到最深层的平静和安宁。他说服自己，蜘蛛并不可怕，这是一段根本没有任何恐惧的时间，如果他能摆脱任何期待或威胁，这就会是一段美妙的时间。蜘蛛只不过是痛苦的象征符号，并没有真正的力量。甚至当他接近蜘蛛时，它也没有动。他轻轻抚摸蜘蛛身上的黑色绒毛，这对他起到了镇静的作用。他继续抚摸着蜘蛛，它竟然幻化成了一只小猫。弗兰克发现，如果他能抚摸自己的恐惧，原本恐惧的象征就会幻化成他所喜爱的东西。

这段经历开始让弗兰克将注意力重新集中到他的生活上来，从自己的疾病中找到安宁。他学会了热爱自己的象征符号。后来，当这个年轻人走进我的办公室时，他的脸上洋溢着光彩，这一点十分令人惊讶。有趣的是，弗兰克今天仍然活着，而且生活得很好。他的艾滋病已经好转，尽管总是有需要担忧的事，但他好像获得了新生。

3. 识别并运用内部资源

希望此时的你已经懂得几种获得内心安宁的技巧。你已经知道了呼吸技巧，了解了创造内心安宁的练习，甚至知道音乐可以引领你向正确的方向前进，这是运用意象的另一种方法。你可以成为自己的英雄，这种能力来源于内心的安宁和爱心，而不是来源于威胁和不安全感。你可以利用自己臆想中的英雄，比如蜘蛛侠或蝙蝠侠，或者任何你自己想到的象征符号。反复默念这个座右铭：内心的安宁能创造出我的最佳状态。

我们的生活都建立在爱和保护的基础上。你身体里的每个细胞都是造物主精心设计的，超越了任何科学家能够理解的程度，它们会不惜一切代价保护你。你的荷尔蒙、你的血液细胞、你的整个身体都建立在这样的事实上：你是一个独一无二的人。你的整个身心结构都是为了实现你的目标而存在的，任劳任怨，忠心耿耿。

我那些备受尊重的物理学家朋友们相信，没有什么合理的理由可以解释，为什么那些构成我们身体的原子会结合到一起，奇迹般地形成我们这样的一个人。想象一下，如果让政府从头开始制造你，那得花多少费用啊。每个原子和另一个原子结合到一起的原因只有一个：为你奉献。这多么令人惊讶！40 英里长的神经和 400 英里长的血管组成了一个不可思议的生物，但原材料（钙、镁等）的费用大约只值 1.85 美元。

你是一个令人惊讶的结构体，在你的身体和心灵里埋藏着还没有被你开发出来的力量，还有一些你尚不明白的操作这个身体系统的秘密。你不妨开始把自己当成一个奇迹来考虑，你是无价之宝。

你可以认真思考一下在你掌控下的力量，想象一下你的力量源泉，找到那种力量的象征符号。如果你能想象出一个上帝的象征物，也许是一个人形，甚至是更有象征意义的形状（十字架、六芒星、剑等），那就想象它与你同在，感觉到力量的迸发。有了这样的力量，你就不会被打败。你的身体也许会受到打击，但没有什么能触及你的精神。拥抱属于你的荣耀吧！你有力量战胜任何事物和任何人带来的恐惧。

这种强大的力量并非来自暴力，而是来自你对内心安宁和智慧的感觉。只要你相信这种力量存在，它就是你的。这就是内心安宁和目标的清晰表现。

4. 发现并运用外部资源

你可能有一些能让你感受到内心安宁的资源，现在，是时候了，去拥抱这些资源，并把它们和你自己的感觉结合起来吧。把那些可以让你感受到更深层安宁状态的资源列一个清单，创造一套有用的工具。画一个饼状图，把那些你认为有助于过上一种有中心的、平衡的生活的重要事情或项目列出来。请将下列事情考虑进去，作为你努力获得安宁状态的部分行动：

1. 和你的狗狗一起长时间散步
2. 听莫扎特 (Mozart) 或约翰·塞里 (Jonn Serrie) 的音乐
3. 和情人一起跳舞
4. 被情人拥抱
5. 喝菊花茶

6. 坐在沙滩上感受阳光，聆听海浪拍打沙滩的声音
7. 祈祷
8. 把婴儿抱在怀里
9. 接受按摩
10. 唱圣歌
11. 吹长笛
12. 给好朋友写信

清单列好之后，画一个饼状图，根据某项活动带给你的安宁程度的大小调整其所占的空间。比如，我就会根据每一种因素对我自己安宁感觉的促进作用来填写饼状图。

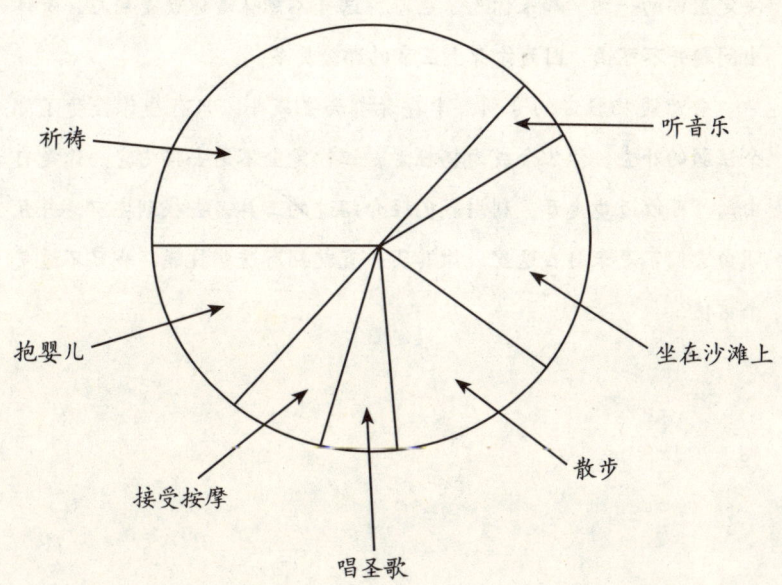

你画出来的这个饼状图是你自己的"安宁派"，把它当做一个提示物，让它提醒你那些能给你带来安宁感觉的事情。你可以利用这些因素调动起安宁状态。这些主要的活动不仅不会妨碍你进行其他那些没有被提到的活动，还能帮助你找到最有力的工具。你可以把它们融合到你为自己心目中完全平

衡的生活所制定的准则中，这种探索将会随着生活的延续而继续。因为不同的因素将根据你生活环境的性质带给你不同的安宁。但是，永远不要放弃安宁，因为它能带给你真正的幸福和自我实现。

延伸阅读

消极能量会剥夺你的创造力和快乐。幸好，你可以冲破恐惧和矛盾心态的束缚。正视恶魔需要勇气，正视真实的自己也需要勇气。你可能有焦虑症、忧郁症、创伤后应激障碍症、注意力缺失症，或者好几种其他病症，但这些都是已经发生在你身上的事，并不能说明它们决定了你的一切。如果你患了癌症，这并不意味着你就是癌症。身体出问题并不可怕，因为你身上正常的部分更多。

苦难是牺牲者的专利，幸存者都会去战斗。只有当你接受了那个怯弱的外壳，你才会成为牺牲者，但你完全不用去接受它。你是自由的，可以迈步走开。利用我已经介绍过的工具，去找到安宁，并且明白它们不是来自我这里。你其实一直就拥有这些技能，我只不过是个信使。

第9章

Right Thinking

提高你的情绪智能

THE IQ ANSWER

我第一次看到 13 岁的钱妮斯没精打采地坐在我的候诊室里，脸上挂着一副"别烦我"的表情时，我就知道她是我的"雅虎问题儿童治疗法"的候选人。

这个漂亮小女孩的父母之所以带她到我这里来，是因为她的学习成绩在过去的两年里急剧下降，她从全优生变成只能得到 C 和 D 的落后生，父母当然焦急了。他们责怪她学习缺乏积极性，认为这是她在学校成绩下降的原因。他们认为她很懒惰，像个"疯小子"，而且他们还在认真考虑第二年是否要把她转到女子学校去。

的确，她化很浓的妆，完全是一副达拉斯牛仔队拉拉队队长的派头，而且她还穿着一身套装，不用说你也一定知道是那种玩世不恭的时髦款式，但在我看来，她这身打扮有点像个救世军。

我敢肯定，钱妮斯一定比她的登记卡片上所描述的聪明得多，我对她寄予很高的希望。

"钱妮斯，显然你让你的父母怒不可遏了，但我不知道这是否是你现在想要的。"

我的话好像让她有点迷惑，于是，她干脆低声抱怨起来。

"你什么意思？你该不会是想对我进行心理分析，然后告诉他们我需要心理咨询吧？我可以告诉你一些我做过的真正坏的事情，然后你让他们把我带走。这就是你想让我做的吗？"

我微笑地看着她，回答说："不，我可能会告诉他们你比他们认为的聪明一些，因为我们俩都知道这是事实。但我很想知道你想让我告诉他们什么。"

她盯着我看了好半天，然后我知道了她的全部想法。

"当真？"她说，"我希望你告诉他们说他们简直让我发疯，我都想退学了。我希望你让我的父母知道，他们已经把我逼到不想做他们女儿的地步。他们对我的伤害太大了，所以我想让他们遭受同样的痛苦。"

"那你是希望我替你去伤害他们吗？"

钱妮斯擦去眼角的泪花，点头同意。"他们简直让我在朋友面前丢尽了脸，还用那些他们为我制定的大计划把我从他们身边推开。"

"那他们是怎么做的呢？"

由于流泪，钱妮斯脸上的化妆品顺着脸颊往下滑落，她看上去像个小丑。

"他们想让我跟我的朋友不一样。他们甚至指责我的朋友懒或者笨，因为他们没有我那么聪明。你知道吗，他们想让我成为律师，所以必须成绩优异。而且我还得练钢琴，永远要做班上的第一名。你能想象那是什么感觉吗？"

"我能感觉到的是，你觉得你的家人伤害了你的感情，让你按他们的方式行事，因为他们想让你与众不同，期望你想要的东西和他们想让你得到的东西一样。这和你的感觉接近吗？"

钱妮斯直视着我的眼睛，然后说："是的，你现在明白他们给我的感受了吧？"

"所以你也想让他们感觉难受？"我说。

她疯狂地点着头，眼泪把脸上的化妆品涂抹得更糟。"你认为他们花在这次治疗上的钱值得吗？"

答案显然是值得的。于是，我们制定了一个计划。

"好吧，现在我们必须做的事就是让你的父母感觉难受。那你认为我们怎样才能做到这一点呢？钱妮斯，这是一个很棘手的问题。我不能让任何人按我所希望的方式去思考，而他们显然也不能让你按照他们想要的方式去思考，而你又不能用自己的行为去伤害他们。我认为，与你迄今为止已经尝试过的各种办法相比，这次治疗不可能收到更好的效果。我想，我必须把钱退还给你。"

钱妮斯露出迷惑不解的表情。"你是心理学家。你还会不知道怎么办？"

"没有人能让另一个人按特定的方式思考，我不行，其他任何人也不行。我真的很高兴，因为你能想象这个世界将会是什么样子，对吗？那我们还是把过去的钱妮斯从劳利斯博士的办公室里推出去，给她做个脑收缩，以便让她顺利成长。你认为这就是你来这里的原因吗？"

"是的。难道不是吗？"

"嗯，你认为我能改变你的思维，让你得以重新开始为了父母的快乐而学习吗？我认为不行。这样说吧，因为你已经如此沉溺于伤害他们，以至于愿意把灵魂出卖给魔鬼。我认为谁也不能达到你的要求，因为你太聪明，太强壮了，别人对你无能为力。但你的所作所为对你自己造成的伤害可能比对他们造成的伤害更大。我想，你应该自己选择，试着去伤害他们或者救助自己。"我说。

"这些事情都是他们逼我做的。"她回答说。

"不，钱妮斯，没有人能让你思考任何事情。至于你会对别人作出什么反应，这一切都取决于你自己。自己的反应总是由自己选择的，它们有可能是正面的，也有可能是负面的，这与你最终的目标有关。"

然后，我在她身上使用了我的雅虎思维法则 (Yahoo Thinking Principle)。"雅虎"代表的意思是"你永远都有别的选择"。我告诉钱妮斯她也可以选择别的方式应对父母。

"但一定要记住，你思维中最佳的选择应该与你想要的目标一致。"我说。

当钱妮斯理解了她的选择范围和她拥有决定自己未来的权利之后，她决定和父母建立一种新的关系。她不再是一个"叛逆小姐"，而是主动按照计划行动，走上了实现目标的道路。在这个计划里，她和父母达成一致，她将 60% 的时间用于学习，40% 的时间用于和朋友一起玩。她的父母同意了，只要她遵守家规、尊重家庭的价值观，他们就不会批评她。

钱妮斯的计划确实收到了效果。但是，把她从原来的生活中解救出来，让她能够进行这种更有益的思考并解决问题的并不是这个计划本身，而是这样一个事实：她认识到她可以控制自己的思维。我教她明白了她具有选择对父母作出何种反应的能力，她知道自己还有一把保护伞，可以决定怎样让别人的话影响自己。她可以选择接受或不接受反馈。

她学会了对自己身边的世界进行评价，确定自己的现实情况，而不是让别人按动她身上的按钮。她发现自己能全身心地去享受生活的乐趣。

成为自己的船长

情绪安宁依赖于内在思维。大多数时候，我们是自己最大的敌人。我们可以通过纠正错误的思维模式，无拘无束地实现生活的各种目标。下面的叙述说明了最基本的"思维"法则，它们隐含的意义十分深远。

我们直接控制着我们的情绪智能，我们能识别"坏的"和"好的"行为。我们的父母、老师、老板都在告诉我们"应该"做什么。如果我们不遵守进餐礼仪，不遵守交通规则，或者不懂得着装规范，我们就会冒丢丑或尴尬的风险。新闻每时每刻都在报道死亡和灾难带来的威胁，当然，在有些情况下的确存在极大的威胁，但很多时候，广告总是夸大其词。

在加文·德·贝克尔(Gavin De Becker)的书《胆小是福》(*The Gift of Fear*)中，他强调了这样一个概念：对于潜在的有害情况的预测，我们需要更多地相信自己的直觉。没有外在的力量能够"让"我们以一种特殊的方式去感觉。我们不能改变世界，但我们能够改变自己对世界上发生的事情的感觉方式，以及对这些事情的应对方式。

如果说我们对自己的内心世界有直接的控制权，这听上去近乎荒谬。但是，即便是那些被关在监狱里的人，也有选择自己反应的自由。维克托·弗兰克（Viktor Frank，原本是一位受弗洛伊德心理学派影响颇深的决定论心理学家，但他在纳粹集中营里经历了一段凄惨的岁月后，开创出了独具一格的心理学流派。——译者注）注意到，当他在二战中被俘时，那些感到恐惧的俘虏死得最快，而那些选择保持内心安宁的人却活了下来。

"让"我们害怕、愤怒，甚至快乐的并不是别人，而是那种存在于我们体内的力量。我们可以选择用自己的方式对我们受到的不公正待遇作出反应。我们可能会更加倾向于体验那种自己不该受到责备，或者成为牺牲品的感觉，但那有什么益处呢？许多人觉得痛苦是净化自己思想的一种方式，他们认为折磨自己有助于减轻焦虑，但他们错了。

你能控制自己对那些作用于我们自身力量的反应。所以，尽管可能会令人恐惧，但我们必须对我们的思维方式，特别是我们对外部影响的反应负责。

我们该怎样感知外部影响，并在内心对它作出反应，这在很大程度上取决于我们内心的对话。我们的"两个大脑"让我们具备了自我反应的天赋。也就是说，我们具有一种奇特的能力，可以监控自己的内心思想，并进行内心对话，这也叫"你脑中的声音"或"你的超我之心"。这经常被描述成我们"好的"一面和"坏的"一面之间的争执。弗洛伊德把这两只站在我们肩膀上决斗的小魔鬼描述成"本我"和"超我"。

内心对话引起的不是损害，而是合理性和清晰性。我们的思维质量和生活质量的提高或者降低取决于我们对自己和这个世界本来面目的认识。而且，代表心理力量的当然不是对理性思维演绎或归纳推理的狭隘区划过程的"阳性"定义。尽管学习逻辑推理的概念无可厚非，但最重要的是我们对自己、对自己的偏好，以及对自己面临的赤裸裸的现实有多少了解。

我们有不同的思维模式，我们以不同的方式思考。我们尊重那些为了大家的利益而创造性思考的人；我们敬畏精神领袖和他们的伟大智慧；我们因为演员塑造的角色而崇拜他们，因为那些角色表现了我们生活的某些方面。

我们有许多有效的思维方式，其中大多数对心理健康非常有益。有些人更擅长视觉思维，有些人对听觉思维更在行，有些人是更好的感性思考者，而其他人则在技术领域的思维上更活跃。历史上最伟大的思想家有各种各样的兴趣和天赋。达·芬奇研究过战争和武器，也研究艺术。爱因斯坦研究音乐和物理。多种多样的思维方式往往能对大脑的不同部位起到开发的作用。

你的思维方式正确吗

我们可能会被自己愚弄，尤其是当我们感觉自己的思维和反应方式在过去产生过作用时。我对一个人的印象特别深，他认为他的财富让他成为一个无可指责的权威。他的财富是在他投资房地产时赢得的，他其实就是在正确的时候、正确的地方投入了正确的行业，但他确信自己是个天才。最后，他破产了，又被关进监狱，他的妻子离开了他，财产也化为乌有。我想说明的意思是，你不能用你的经济或职业状况来判断你的思维效率，有时，你只不过是运气好而已。

☑ 自我评估：你的正确思维方式

这个问卷有助于你分析你的"正确思维方式"。请对下列陈述作出回答，方法是将最适合你情况的表述圈起来："总是"、"有时"、"很少"及"从来没有"。

1. 当我试图作出决定时，我总是担心我的决定会伤害某人的感情。

    总是　　有时　　很少　　从来没有

2. 我相信每一个问题都有一个人人都会同意的基本答案。

    总是　　有时　　很少　　从来没有

3. 在内心深处，我期望每个人都喜欢并尊重我的想法。

    总是　　有时　　很少　　从来没有

4. 如果有人不同意我的意见，尤其是亲密的朋友或者家庭成员，我就会感觉不舒服。

    总是　　有时　　很少　　从来没有

5. 我不太敢发表自己对任何决定的意见，因为我没有接受过别人受过的那些教育。

  总是 有时 很少 从来没有

6. 我小时候受到过虐待，所以注定一生都不能作出好的决定。

  总是 有时 很少 从来没有

7. 我父母过去总是告诉我，我不称职或者不正常，我相信他们。

  总是 有时 很少 从来没有

8. 当我工作效率不高时，我就会感觉内疚，因为我的价值是以我所做的事情为基础，而不是以我所说的话为基础。

  总是 有时 很少 从来没有

9. 我的决定建立在我认定的事实的基础上，而事实就是，我是个失败者。

  总是 有时 很少 从来没有

10. 我做人们期望我做的事，因为我需要扮演一个角色，而且我扮演得很好。

  总是 有时 很少 从来没有

11. 我相信乐趣和快乐是我只能定期享有的特权。

  总是 有时 很少 从来没有

12. 我做过一些永远无法忘记的坏事，我内心的羞愧是我要承受的负担。

  总是 有时 很少 从来没有

13. 我不相信别人。

  总是 有时 很少 从来没有

14. 我的身体上和脸上有几处很大的缺陷，这让我缺乏魅力和吸引力。

  总是 有时 很少 从来没有

15. 我经常为过去作出的决定而后悔，因为我现在正在为它们付出代价。

  总是 有时 很少 从来没有

计 分：

每一个"总是"得4分，每一个"有时"得2分，每一个"很少"得1分，总分在0～60分之间，将你的得分情况与下面的基本说明进行比较。

总　分	说　明
40～60	你的思维模式正受到破坏性处理过程的严重影响。你需要认真训练自己用更有益、更有效的思维模式去思考。
30～39	你的思维模式更多地集中在你消极的自我形象上，而不是集中在有效的信息处理上。
20～29	你的思维模式反映出你受到了早期思维模式的强烈干扰，能从中看出过去的你是怎样学习和思考的，而且你对自己价值的认同尚不成熟。
10～19	在一些具体的方面，你的思维模式并不清晰。这可能是由于你并不确定自己是否缺乏自尊，也不确定自己是否需要别人的认同。
0～9	你的思维模式是受到自尊需要和外部认同影响最少的。但是，只要得分高于0，这可能都是一个信号，表明你具有一些需要在某种程度上进行提高的思维能力。

评价自己思维的基础是：我们大多数人从小到大都认为凡事都有"正确答案"。我的父亲总是鼓励我独立思考，我一直认为他是最好的家长。但是，有一件小事仍然特别突出。

在我的青春期，我父亲做了大约10年的汽车销售。我非常喜欢那个时期的生活。我在中学时就是一个机修工，对汽车非常了解。有个顾客抱怨他的汽车发出鸟鸣声，我也能听见。我们5个人都试图找出根源，但都一无所获，直到我在他的散热器里发现了一只死鸟。但我没有告诉任何人我找到了那只死鸟，我只是拿着它往垃圾箱走。父亲注意到了我："问题不在那里，把那东西扔了。"

我把死鸟扔掉，走出汽车店。这时，我听到另一个男人说："嗨，鸟鸣声停止了。"其他的人，包括我父亲，都表示同意，而且一致认为那件事很神奇，告诉顾客如果再遇到那种情况，就把汽车开回汽车店，再试一下究竟是怎么回事。那是我的秘密，问题是我解决的。我比父亲和他的成年朋友更聪明。我不需要得到他的认同，因为我知道，毫无疑问我是正确的。直到今天，50多年过去了，我仍记得那种自豪感，因为我知道我可以自己思考和解决问题，即使父亲不相信我。

清晰的思维是这样的，你可以在独立的思维过程中得出自己的结论，而不去管社会压力，不去管对别人来说是否正确。这就是解决问题的有益办法。

正确思维的黄金标准

下面是正确思维的 5 个基本标准。它们都是很清晰的标准，你可以用它们来衡量每一种与你的生活目标相关的思维。

标准 1　你感觉到的东西是事实还是臆想？

的确，我们不能直接"看到"或"听到"世界的声音。我们利用我们的感觉来告诉自己世界看上去是什么样的，摸上去是什么样的，听起来是什么样的。当我们看见一朵鲜花时，我们其实感觉到的是光波的反射，它们刺激我们眼睛里的视网膜神经。这些光波通过大脑各个部分的计算后被解释出来。简而言之，第一步是通过后叶、枕叶，然后，它又被传输到颞叶进行记忆联想，然后又到额叶进行感觉理解。如果你以前从来没有看见过花，这个图像将不会有任何意义，你甚至可能害怕它，因为它对你来说是陌生的。

如果我们对鲜花产生了恐惧，我们的身体就会产生焦虑行为。我们会倾向于用消极的语言来把所有的鲜花描述成"不好的、令人恐惧的、危险的"。我们会对鲜花产生敌意，在生活中避免接触它们。

如果输入的感觉不全面，我们甚至会产生更大的曲解。考虑一下"癌症"这个概念。对我们大多数人来说，对癌症的最初诊断代表的都是一个非常可怕和强大的意象。极少数人真正看到或摸到过一个恶性肿瘤，通过显微镜观察过的人就更少了。当你意识到癌细胞其实非常脆弱，除了会生长之外不会做其他的事情，你心里就会对"癌症"形成更理性的认识，而这将让你可以更好地应对疾病。

我们之所以把这个确定自己的感觉是事实还是臆想的标准放在第一位，是因为它可能是最重要的。它促使你判断你所感知的现实是否被扭曲了。那个人真的不喜欢你吗？或者你之所以想要自卫，是因为他或她比你更聪明或更富有？你的老师真的在歧视你吗？或者只是你的行为方式需要得到更多的关注？这个世界是一个充满痛苦和敌意的地方，还是一个有着许多幸福的慈善之地呢？你的杯子是半杯满还是半杯空？

在一些图像里，看不出真相的结论，只是一个人的感觉意识与另一个人的感觉意识而已。思考一下这个"月亮中的人"的例子吧。在下面的图中，哪个图像代表那个在月亮中的男人：A还是B？正确答案是A，B，A和B，或者一个都不是。

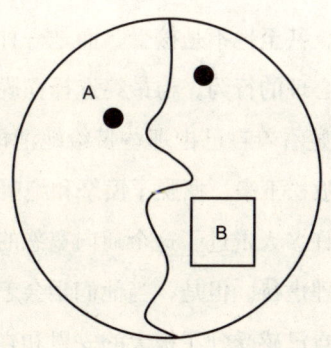

生活极少是事实。真相在绝大程度上取决于你认为什么是真的。同样的"真相"可能对别人并非如此。同样，并不是为了让你觉得自己是正确的，每个人就必须同意你的观点。并非每个比你的教育程度更高的人永远都能给出更好的答案。不一定为了让你成为好人，每个人就必须爱你，这不是基本真理。这些"神话"可能会破坏有效的思维，因为它们是虚假的公理。

标准2　这样的想法对你有益吗？

你可以用这条标准来判断继续保持你的想法是否值得。如果你认为不值得，那是你的选择。坚持认为自己小时候受到了虐待，这种想法对你有什么益处？我并不是在暗示说我们应该回避或否认过去的经历，但是，坚持这种想法对你有什么积极的作用吗？坚持这种想法能为你创造更好的机会吗？这些都是很难处理的问题。你具有抛弃思想的能力，有些有毒的思想可以毒害你的思维。

把情绪从思想中剥离出来的一种方法是利用意象。想象一下将恐惧和矛盾心态从你生活中分离出来是什么样子。16岁的女孩梅(May)，脾气非常暴躁。当我们问她为什么愤怒时，她解释说，在她还是孩子时，她堂弟见过她裸着身子，曾经取笑过她。她从此感觉怪怪的，而且这些情绪一直影响着她的生活。如果她想找到安宁，就必须放弃那些已经对她没有任何用处的消极情绪。

决定放弃记忆中的消极情绪，这是通往宽恕之路。这并不是对过去的行为或事件的原谅、赞同，甚至也不是接受，而是一种愿意放下记忆中的情绪包袱，消除报复或谴责心理的行为。梅最终选择摆脱这件过去发生的事情给她带来的恐惧和尴尬，她看着自己把那些带给她消极情绪的经历抛在身后，通过这种方式，她完全放松下来，摆脱了愤怒和绝望。

我已经观察和引导许多人走过了这个通向宽恕的第一阶段。许多人曾经忍受过可怕的生理和心理虐待。但是，当他们学会怎样摆脱这些与虐待有关的恶魔时，每个人都说自己感受到了极大的安慰和喜悦。他们认识到自己可以选择，而且每个人都选择了快乐，而没有选择痛苦、愤怒或者牺牲。

标准3　这种想法有助于实现你或别人的目标吗？

对大多数人来说，放弃一种长期持有的想法是很难的，即使是一个对自己有破坏作用的想法。他们编造出来的借口往往都是他们需要控制自己的处境。在孩子们的记忆中，父母的话或者批评常常被夸大。这些消极的"自我陈述"听上去可能是这样的：

"你真笨，根本不管事情做得对不对。"
"你不在乎别人，只在乎自己。你自私。"
"你这个白痴！我还要给你说多少次……"
"笨蛋！任何有头脑的人都会比你做得好。"

这些话听上去可能有点耳熟，我每次从杂货市场走过都能听到这些话，还能听到父母威胁孩子。虽然许多成年人早过了青春期，但那些话语中传递出的信息还会在他们的脑子里回荡。这些信息阻碍着那些人为了得到成功和安宁所付出的努力。这可能有悖于常识，但却随时都在发生。我们小时候听到的批评可能会在我们成年后还在脑子里一遍又一遍地回响，破坏我们的心理能力，掠夺我们多达25%～50%的潜在智能。

但是，并不是非得这样。你可以控制这种消极的内心对话，这需要一种重新编程。你必须有意识地遵照这些步骤进行练习。

1. **学着放松和消除消极的内心对话**。在这个步骤中，你将学会怎样运用你心灵的镜子，清楚内心对话的具体语言和语调。你需要把它们写下来，以便立即对这些话语产生意识。

2. **找一种更理性的自我陈述，并用这些新陈述替换消极的陈述**。

3. **在现实生活中练习这种替换**。这项练习可以用两种方式完成。你可以想象一些特殊的情景。在这些情景中，你通常会严厉指责自己，或者回忆起一件引起消极内心对话的小事。利用意象的好的一面，反复运用它来练习新的内心对话。第二种方法是在真正的生活场景中进行练习。你可以先对它们进行设想，做好开始进行更积极的内心对话的准备。

标准 4　保持这种想法会在生理、心理或精神上对你造成伤害吗？

有些想法是有毒的，可以对你造成生理伤害。一个常见的例子叫"预期确认"。一个孩子爬上自行车时就在想："我会摔下来，把胳膊摔断。"他就是在期望失败，以便在摔跤真的发生时不让自己感到失望，反而觉得是自己的预想得到了证实。

如果你预期失败，那就更有可能失败。如果你期待从自行车上摔下来，那你就可能真的会从上面摔下来；如果你期待在考试中忘记所有学过的知识，你就可能真的会忘记；如果你期望患上某种疾病，那这种可能性就真的会增加。

大脑的运转机制遵循的是意象过程。记住，我们是通过我们的感觉和我们对这些感觉的解释来认识这个世界的。如果我们保持对那些感觉的认识，我们的身体就不知道它们之间的区别。当催眠师把一个意象植入一个测试对象的意识中时，你就会看到这种现象，因为测试者是把它们当做真正的东西来进行反应的。如果催眠师告诉那个人她在吃柠檬，她就会对酸味作出反应。

这个过程非常简单。意象刺激的神经与实际经历刺激的神经是相同的。如果你想象自己正被警察追捕，你的身体就会作出同样的反应。你的荷尔蒙会要求肾上腺的刺激，你的血压会升高，同时，血液的流动会使你的肌肉紧张起来。

同样，如果你保持着一个会破坏你的生理神经、让你脆弱到易受疾病攻击的想法，你就会生病。你的意象将成为创造那种可能性的帮凶。

标准 5　你的想法对你的目标有促进作用吗？

这个标准的第一步是确定你的目标和它们的优先性。我曾经参加过一个关于如何赚取 100 万美元的财富研讨会，主办者是得克萨斯州达拉斯的联合教堂 (Unity Church of Dallas)。我开始以为那次研讨会是建立在"富足"这个宗教哲学的基础上的，众所周知，这是那个教堂的主要教义中必不可少的部分。结果，那次研讨会上探讨得更多的是神经学问题，解释一个人可以怎样成功地实现为自己设立的目标。

> 中国的数学与哲学思维都强调把对象作为有机的结构从整体上去把握，强调一个对象与有关事物的关联、渗透和变化。不重视对各个部分的仔细考察，也不承认各部分的独立性。　　情系中国

主要的步骤是对自己的目标有清楚的认识，并每天将那个目标与自己对它的想法结合起来，不允许任何消极的挑战。据专家讲，你的思想及与它们相关的行为最终会让你朝着自己的目标前进，无论它是赚 100 万美元，减轻体重，还是享受到婚姻的极大幸福。为了表示我们有信心实现自己的经济目标，我和妻子买了两辆颜色和外表都很相配的二手奔驰车。但我们没有理解一个重要概念，那就是，如果我们的经济目标是攒够 100 万美元，那我们就必须存钱，而不是把钱花掉。

通过为自己设立具体的目标，并把精力集中在目标上，你就能培养出一种适合自己目标的生活方式，并在一路上不停地确定优先的目标。机会之所以会出现，是因为你对它们的认识更清楚。按照这些想法行事，就会有更多的想法变成现实。

正确思维练习

最佳的学习方法是行动，而不是空谈。我已经设计了一个真实生活中的情景练习。在这个练习中，一些人听到的可能是破坏性的内心信息。完成这些练习可能有助于你用更积极的内心对话替换消极的思想。

破坏性思维和建设性思维的对话

选择你自己对所描述的每一件事的具体想法。

事　件	内心对话选择
1. 我和配偶分居了，我们已经结婚15年了。	破坏性：他（她）对我不公平，我将实施报复。 建设性：我有一段长久的婚姻生活，现在我需要重新发现它或找到新的婚姻关系。
2. 我工作一年后就被解雇了。	破坏性：这不公平，因为我是新手，没有机会。 建设性：至少他们看到了雇佣我的价值，其他人也会看到的。
3. 我在一次重要考试中失败，我家人的反应让我感到他们并不支持我。	破坏性：那些蠢货。他们对我成功的关心只是为了让他们赢得别人的尊重。 建设性：他们或许是为我感到心神不宁，所以我需要告诉他们。
4. 我的约会请求遭到拒绝。	破坏性：我一定没有我自己认为的那么好，找到另一半大概只能碰运气。 建设性：合适的人还没出现。
5. 我看到一位老朋友，他或她好像要回避我或者装做视而不见。	破坏性：我很尴尬，因为他或她不想和我联系。 建设性：他或她在想别的事情，可能是对他们非常重要的事。
6. 我的工作申请被拒绝了。	破坏性：他们不喜欢我，因为他们很蠢，而我却过于特立独行。 建设性：这不是适合我的地方，我也学到了一些有用的东西，下次能用上。

7.	我朋友与一个我想约会的人建立起了亲密关系。	破坏性：我朋友或许是蓄意破坏，也许还讲了我的一些坏话。 建设性：至少我知道了还有像他（她）那样的人。其实我们都可以成为朋友。
8.	我不能买一辆新车，因为银行以我的工资低为理由拒绝了我的贷款申请。	破坏性：世界真不公平，我感到怨恨和非常愤怒。 建设性：对自己的需求分轻重缓急，这也许是件好事，因为这样可以让你知道你的实际情况。
9.	我整天呆在家里，因为我很郁闷。	破坏性：出去也没用，所以我试着用食物和酒水安慰自己。 建设性：我想用功钻研技能，思考出去找工作的新机会。
10.	昨天是我的生日。	破坏性：我一天天变老，运气也越来越差。 建设性：我正在获得经验，更好地理解自己想在生活中做什么。

选择你能对下面的事件或情景作出的最有建设性的反应

11. 我是一份好工作的最后两位候选人之一，但我没得到它。

A. 那些人是在故意浪费我的时间。
B. 他们从来没有告诉过我我与其他人相比表现如何。
C. 能做到那样，我一定已经很棒了……我将找出我为什么没有到达终点的原因，从中吸取教训，为下次机会努力。

12.	为了考出好成绩，我努力学习，结果却发现分数并不理想。	A. 那个笨老师根本没告诉过我该学什么。 B. 我会打电话并去见老师，找出真正的原因所在。那会给我另一次考出更好成绩的机会。 C. 我猜老师根本就不喜欢我。
13.	我是所在公司一份工作的最佳候选人。我咨询过那件事，但他们没有给我回电话。	A. 我将拿起电话，找出谁是负责聘用的人，给他打电话，讨论我能做些什么来为公司创造更多的价值。 B. 难道那些人不能看看我的简历，发现我是最适合的人选吗？他们都太笨，我不想浪费时间搭理他们。 C. 也许我应该把我的简历用电子邮件的方式发到另一家公司去，辞掉现在这份工作。
14.	我的一位朋友刚刚考入一所名牌大学，而我第一志愿的学校却没录取我。	A. 我没什么本事，我一直在自欺欺人。 B. 我应该调查一下别人是怎样成功的，并把自己和他们对比一下。 C. 我需要评价一下自己的优点，选择一些能帮助我感觉到自己有能力为了自己而成功的目标。
15.	这个月我参加了3次面试，没有一个可能成为我雇主的人给我电话。	A. 我一定没有把雇用我的好处解释得非常清楚。 B. 他们向我提的问题都不对。 C. 他们不够聪明，不明白我的价值。
16.	我害怕做决定，因为我知道我可能会犯错误。	A. 当每个人都不同意我的意见或者批评我时，我就会很不安。

		B. 我知道我不可能让每个人都高兴，都同意我的意见。但我必须根据自己的需要作出决定，而不是根据别人的需要。 C. 在根据多数人的意见作出决定之前，我将先了解每个人是怎样想的。
17.	我可能应该离开我那个喜欢谩骂充满抱怨的配偶，可是，我知道他（她）是真的爱我，而且也需要我的照顾。	A. 配偶的愤怒可能是我引起的，所以他（她）那样对待我是我的过错。 B. 如果你和我一样软弱，你将不得不忍耐生活中的一切。 C. 我需要主动追求对我最好和最有益的目标。
18.	我相信我的智力有限，因为我的学习成绩很差。	A. 我应该根据最近能反映我独特技能的测试评估一下我的智力。考试成绩只能反映出一种智力，我需要多方面的测试。 B. 我的智力不可能再提高，因为我已经是成年人了。 C. 我从来就不擅长和数字打交道，而那些却是智慧的前提。
19.	我56岁了，生活好像快要结束，我已经没有时间再尝试取得什么成就或者赚到什么钱了。	A. 当你像我这么大年纪时，生活中的机会就没有了。 B. 我的大脑在任何年龄都会生长，我的机会也会增加。我丰富的经验是我最大的优势。 C. 我的大脑已经退化到我不能记住任何事情的程度，而且我对此毫无办法。

20. 我小时候受过虐待,不能再相信别人。

A. 心智一旦受到伤害,它将永远不能自行修复到和别人一样的正常程度。
B. 我能够下决心摆脱这种自己是受害者的心态,也能在未来去积极追求更健康的目标。
C. 我现在生活中的困苦都是我父母的过错。

计 分:

事件 11～20 最有建设性的反应如下:

| 11 C | 12 B | 13 A | 14 C | 15 A |
| 16 B | 17 C | 18 A | 19 B | 20 B |

如果你错了 2 个以上,你就必须重新评价一下你正在对自己说的话,以及你是怎样创造自己的消极思维的。如果你让自己遇到的事情成为激发你消极自毁行为的开关,你将失去学习和前进的机会。为了让自己成长,并取得更好的成绩,你需要为自己对生活中消极事件的反应负责。通过运用你的智力和选择怎样作出反应的能力,你能够把它们变成积极的体验。

延伸阅读

对于即将毕业的研究生来说,他们需要开始一门重要的思维课来作为教程的一部分。这种情况并不罕见,因为学生需要尽可能完善自己的思维能力。本章谈到的这些原则对我们大家也适用。如果你能够摆脱消极的自我对话和破坏性的内心对话的负担,你就能作出更好的生活选择。这些因素比智力测试的分数重要得多,如果你在自我灌输的虚假推论的影响下生活，你就不能运用自己的知识，不能把创造力发挥出来。

　　人类的大脑是一个已被发现的奇迹，我们还没能对其进行完全的理解。这个6磅重的装置已经帮助我们享受到了丰富的生活，但它也可能成为束缚我们的东西，让我们经受苦难和绝望。令人惊讶的事实是，我们有选择权，但要把那么大的力量掌握在我们自己手中，需要力量和勇气。生活的基本追求就是增长掌控这种强大力量之源的智慧和经验。

第10章

Interpersonal Empowerment

人际交往的魔力

THE IQ ANSWER

奥利弗13岁时经历了典型的少年时期情绪高低起伏。高的部分是受到班上最靓丽女生的"青睐",低的部分是成了班霸德韦恩的攻击目标。

奥利弗并不傻,他很快就猜到两件事之间有联系。在那个女生把奥利弗作为她青睐的对象之前,德韦恩从未招惹过他。

德韦恩是班上一小群男生的头头,他们经常在操场上进行恐吓活动。其实,他们并没有看上去那么强大,只不过态度恶劣,而且都是集体出动。奥利弗看到过德韦恩和其他孩子打斗,这个班霸声称那些人以某种方式"侮辱"了他。对于这样的事,大多数人都不会计较,但德韦恩一定要让那些孩子吃苦头,他会去骚扰他们,不得到什么补偿,他决不会罢休。

研究发现,这些班霸们的称霸动机其实是缺乏自信,他们表现自己身体上的优势只是为了对那种缺陷进行补偿。奥利弗可以看出自己成了德韦恩的目标,但他不愿意和他发生冲突。那些追随这个班霸的孩子们喜欢折磨德韦恩的目标,让他们成为笑柄。无论同校男孩或是街头痞子之间的斗殴,都是典型的团伙侵略心理。一旦这个班霸建立了自己的霸权,其他人对别人的侵犯活动就会有所收敛,除非是为霸主效劳。渐渐地,他们的竞争力就会减弱,表现出的创造性行为也会减少,甚至在霸主不在的时候也是如此。

奥利弗既不是社会科学家也不是心理学家,但他知道霸主们会让他全学年不得安宁,而且他还要担心自己在女生眼中的形象。他觉得必须维护自己的名声,所以,他问爸爸自己该怎样对付德韦恩。

第 10 章 人际交往的魔力
Interpersonal Empowerment

我们对父母们做了一些调查，了解他们是怎样和孩子讨论班霸问题的，调查结果很有启发作用。99% 的母亲会让孩子走开或者逃跑，因为身体伤害比受到的羞辱更严重，而且"暴力永远不能解决任何问题"。

90% 的父亲都对这样的事情更有经验，都建议孩子们站起来自卫。他们说，从长远意义上讲，更重要的是维护自尊，鼻子被打出血没关系。奥利弗的爸爸的想法却不同："如果你不能用调解的方法解决这个问题，那你显然只有两个选择——战或逃。"

奥利弗请爸爸帮助他一起想个应对进攻的计划。他们讨论出了 3 种选择：

1. 他可以尝试从心理学角度去考虑，找出德韦恩为什么是霸主的原因，然后帮他解决自尊问题。
2. 他可以迎合德韦恩，假装害怕，让他消除敌意。
3. 他可以找到一种办法与霸主交朋友。

我不得不佩服奥利弗，这个孩子真有胆量。结果，他 3 件事都做了。学年中期，当德韦恩和他的团伙当着一大群学生的面来找他麻烦时，奥利弗已经做好了迎战的准备。

"我听说你在背后骂我，我必须阻止这样的屁事。"德韦恩说着还往奥利弗脸上吐口水。

"是吗？你听到什么啦？我为什么要说你的坏话呢？"奥利弗回答。

这让德韦恩措手不及，以前从来没有人敢让他提供证据。

"这样说吧，老子就是不喜欢你，你必须给老子闭嘴。"德韦恩底气不足地说。

然后，奥利弗开始运用语言魔力："德韦恩，你显然是个聪明人。我听说你的口琴吹得很棒，我知道所有的女孩子都喜欢你。所以，我不知道为什么你想和我这样的人打架。但是，既然你想打，我们何不到拳击体育馆去好好打一场？在那里打架不需要理由。当然，如果你今天只是心情不好，因为我站在这里，就想在我身上出气，那么，我们随时可以在你方便的时候重新找个时间打一架。"

德韦恩现在完全不知道该如何是好了。奥利弗在恭维他，同时也挑战他。德韦恩很清楚自己正在失去优势，但他不知道怎样动摇这个家伙的自信心。

最后，他回答说："好吧，我们改天到体育馆去，我要把你打得头破血流。"

事情就这样解决了，没有费一拳一脚，奥利弗就战胜了德韦恩。结果，几个月后，两个人的确在拳击馆对打了一场，只不过是作为娱乐。奥利弗已经从之前的交锋中得到了足够的信心，所以并没有怯场。这更降低了德韦恩的信心，和大多数霸主一样，他其实并不像平时表示出来的那样凶狠。

他们之间的较量就这样结束了，没有流一滴血。但真正的赢家却是奥利弗，他发现，在后来的几年中，他建立起了自信和力量的源泉。在迎接霸主挑战的过程中，他的情感发展出现了很大的飞跃。他开始自信满满地参加各种比赛，先是拼字比赛，然后是数学竞赛，再后来是团队运动。

我认识奥利弗时他已经16岁了。他给我讲述了3年前和德韦恩交锋的故事，还解释了那件事对他的生活所造成的影响。经历了那件事之后，奥利弗懂得了这一点：他可以运用自己的智慧和勇气控制局势。他的自信让他赢得了其他人的信任，所以他成了班长，还成为一个优秀的团队运动员，解决问题的能力很强。他的经历是人际交往力量的最佳例子。凭借人格和意志的力量，奥利弗不仅打败了霸主，还让自己的生活走上了积极的道路。

解密人际交往的力量

人类之间相互影响的方式有许多种，有愉快的、令人心醉神迷的，也有可憎的。我们生活在一个离不开人际关系的世界里，我们的社会成员或家庭成员的身份决定了我们的一切，每个人都能很快学会一种文化背景下的优劣品质和价值观。第一个要求就是遵守约定俗成的规范,我们为此付出的代价可能是失去个性。但如果我们被流放,付出的代价会更大,因为违反文化规范罪受到的基本惩罚就是被流放。受到排斥是人类最恐惧的经历之一。

大多数人都能遵守一种文化规范,他们遵守它的社会规则,说它的语言,遵守它的法律。如果从一出生就接受教育,人类都能在无意识中遵守这些价值观中的许多规范。它们已经成了我们个性中根深蒂固的部分。

但是,哪怕只是在想象中违反这些根深蒂固的观念,也会让我们陷入严重的冲突之中。即使我们没有造成明显的伤害,也需要举行表示宽恕的社会仪式。比如,在大多数文化中,乱伦都是遭到反对的。弗洛伊德描述说,即使女人想象和自己的父亲发生性关系,做类似的梦或者有这样的冲动,她们都会患严重的癔症,和真正发生那种行为一样受到负罪感的惩罚。

一个小组对自己成员的观念和判断力会产生更大的影响。在这个方面进行过的经典研究之一是由所罗门·阿施(Solomon Asch)进行的。在这个研究中,研究人员要求研究对象说出方框 B 中的哪一条线和方框 A 中的线条一样,就像下面这组这样:

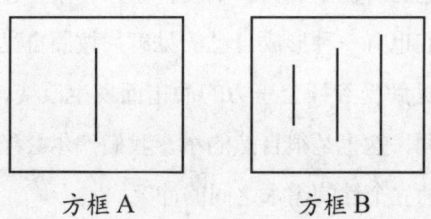

方框 A　　　　　方框 B

阿施对研究对象的回答做了 18 种比较。他要求其中一个测试对象和小组中的其他人一起作答。但其他人都是同谋者,都是按照事先设计好的方式回答的。他们以正确的方式回答了前 6 个问题,但对剩下的 12 个问题的回答都是错误的。

研究结果表明,70% 的时候,即使测试对象知道自己的答案是错的,他们仍然会给出社会期待的错误答案。在后来所做的进一步的研究中,阿施对有意给出能被社会接受的错误答案的趋势进行比较,并将其与产生错误影响的人数进行关联。结果，被要求去对测试对象的回答产生影响的人的数量戏剧性地增加，从1个增加到临界点的4个，然后最多达到7个(参见下图)。

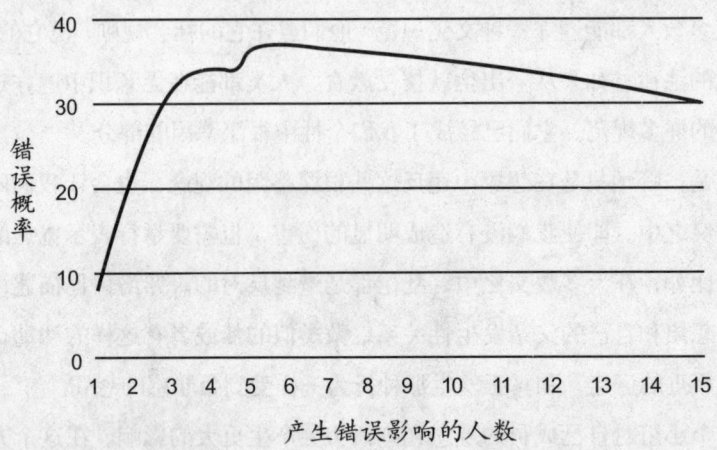

社会压力竟然有这么大，这并不令人惊讶，这已经成为广告和政治中的主要因素。任何人都不应该被动地屈从于社会压力，但每个人都应该明白它是怎么回事，知道它的潜在影响力。朋友、家人、同学、队友和其他人都在影响着我们。但我们也有一种形成自己的见解、按照自己的想法和欲望去行事的本能。自己的见解受到社会压力的冲击而发生改变，这是很自然的事，但想让自己与众不同，这也是很自然的事。我们偶尔会经历本能的接受保护的需求与表达自己独立个性的需求之间的冲突。

本书大多数内容都在探讨怎样处理真我的出现，以及怎样最大限度地注意和开发内在潜力的问题。但如果我不去正视数字里面也有力量这个事实，我就是在限制你的潜力。你的特殊才能的开发极其重要，但如果不能把周围所有可用的资源都利用起来，就得不到全面的结果。

我的朋友菲尔·麦格劳博士是一个非常有天赋的人。毫无疑问，他作为"国家精神病医生"的成功当然得归功于他的智慧和才能。但是，他也是一个激发整个社会巨大能量的大师。他创办了一个资产数百万美元、员工数百人的企业，这样的才能也说明了他具有把个人的力量和智慧集中起来为一个共同目标服务的能力。

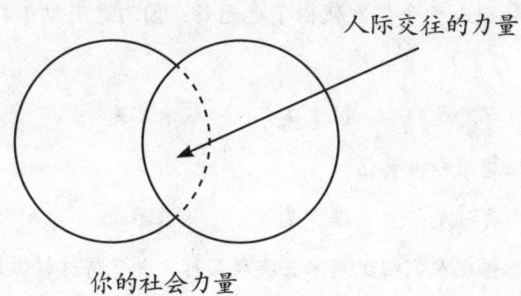

怎样开发自己的才智和能力,全面利用你的社会力量呢?怎样步入你所在的社会机构的领导层并开发各种资源呢?怎样才能成为一个集体的领路人,并带领集体成员去实现对每个人都有益的目标呢?人际交往的力量强大得让人敬畏。

☑ 自我评估:你的社会力量

我设计了一份问卷,可以帮助你评估自己是否具有社会才能和资源。请回答下列描述对你来说是"是""有时是""很少是"还是"从来不是"。

1. 我很自然地就在一个团队中担任起领导的角色。
   是   有时是   很少是   从来不是
2. 即使我知道我是正确的,我也发现自己很难对集体的决定表示异议。
   是   有时是   很少是   从来不是
3. 我有管理人的能力,喜欢把社会上混乱的局面理顺。
   是   有时是   很少是   从来不是
4. 我害怕站起来对一群人讲话,尤其是我感觉到他们不喜欢我时。
   是   有时是   很少是   从来不是
5. 我是一个很好的聆听者。
   是   有时是   很少是   从来不是

6. 在我被任务压得喘不过气时，我发现自己很难请别人帮忙，特别是朋友。
   　是　　　有时是　　　很少是　　　从来不是

7. 我喜欢和别人竞争，即便输了也无妨，因为这有助于提高我的才能和能力。
   　是　　　有时是　　　很少是　　　从来不是

8. 我最害怕尴尬和被奚落。
   　是　　　有时是　　　很少是　　　从来不是

9. 我知道怎样把人们组织起来去实现目标，并觉得这样做能够带给我一种成就感。
   　是　　　有时是　　　很少是　　　从来不是

10. 我不知道怎样应对生我气的人或者与我不同的人。
    　是　　　有时是　　　很少是　　　从来不是

11. 我能让大多数集体情形变得对我有利，也许比其他任何人处理得都好。
    　是　　　有时是　　　很少是　　　从来不是

12. 如果有人生气，并且不合作，我就想从那种情形中逃离出来。
    　是　　　有时是　　　很少是　　　从来不是

13. 我能与大多数人建立起互相帮助、互相关心的关系，即使他们心存敌意。
    　是　　　有时是　　　很少是　　　从来不是

14. 我害怕那些喜欢欺凌别人的人，因为我可能不得不作出自卫的决定。
    　是　　　有时是　　　很少是　　　从来不是

计　分：

每个奇数题目 (1、3、5、7、9、11、13) 中的每个"是"得 3 分，每个"有时是"得 2 分，每个"很少是"得 1 分，将总分加起来就是 0～21 分 (奇数题目总分 =　　)。每个偶数题目 (2、4、6、8、10、12、14) 中的每个"是"得 3 分，每个"有时是"得 2 分，每个"很少是"得 1 分，将这些题目的总分加起来也是 0～21 分 (偶数题目总分 =　　)。用偶数题目总分减去奇数题目总分 (或者反过来，看哪个得分高)，得到的总分将在 -21 到 +21 之间。

比如，你的偶数题目总分是12，奇数题目总分是15，那么，你的总分将是12-15=-3分。如果你的偶数题目总分是15，奇数题目总分是12，那么，你的总分将是15-12=3分。

将你的总分与下面的说明进行比较：

得 分	说 明
+11 ~ +21	你有很优秀的才能和很强的自信心，能动员社会力量来帮助自己实现目标。
+5 ~ +10	你有信心让社会力量帮助你，但是，你的才能好像局限于应对自己熟悉的情况。
-5 ~ +4	你动员周围社会力量的才能不稳定，这取决于你对当时情形的看法，看它是否对你的能力有挑战性。
-10 ~ -6	你缺乏应对与你的力量相对抗的消极社会力量的信心。本书接下来几页的内容将对你的成功非常重要。
-11 ~ -21	你是你所面临的社会力量的牺牲品，缺乏利用它们满足你个人需要的能力。为了让这些社会力量不再消耗你的力量，并且把它们掌握起来，让它们为你实现自己的目标服务，本书接下来的几页将是你的必读内容。

警惕在培养能力过程中的陷阱

最近，我与《决定：药物预防游戏》(Decisions: The Drug Prevention Game) 的创办者菲尔·戴维斯 (Phil Davis) 进行了一次交谈，我们讨论了同龄人压力的影响力量和一些人作出的把滥用药物当做一种适应环境的行为的决定。我们想到了那个鱼儿的故事。故事是以这个问题开头的：

为什么鱼儿想去吃那条在鱼钩上晃荡的虫子？答案很简单：因为鱼儿饿了，它的生存建立在进食的基础之上。鱼儿抵挡不住鱼钩上的美食的诱惑，但它一旦选择了去吃虫子，它的命运就注定完了。

群体的从属关系也是一种基本的需要，就像虫子里面的鱼钩一样，在我们尝试满足那种需要的时候，总是会遇到内在的危险。但是，我们不像鱼儿，我们可以根据自己的知识和经验作出选择。有时，我们可能会觉得参加一个特别的组织付出的代价太高，从而必须找到其他的社会互动作为出路。

好了，鱼儿们，是时候了，我们该知道人类池塘里悬吊着的最危险的"鱼钩"有哪些了。有4大类需要避开的"鱼钩"，我们把它们称为：

1. 救助者　救助者试图不惜一切代价保护你不受威胁和失望的伤害，在这个过程中，他会剥夺你自我决断的能力。这个人最害怕你或别人将永远不需要他。救助者必须证明他是多么必不可少。最典型的例子就是有些父母，他们会永远在孩子周围筑起一道保护墙，从不允许孩子伤到自己或者感觉不舒服。孩子们接收到的信息是："你没有能力应对这个世界，没有能力承受它的风险，因此，你必须受到保护。"这个例子并不只是对父母过度关爱孩子的指责，在朋友之间和配偶之间，同样可能存在这种关系。这里的"鱼钩"（陷阱）是：你可能失去自己的力量，错过最重要的机会。

2. 控制者　控制者通常是一个专横的操纵者，为了阻止你运用自己的能力，他什么事都做得出来。对于这种经常虐待别人的人来说，身体暴力并非不可能。控制者的身份建立在一贯正确和处于控制地位的基础之上，任何妨碍控制者实现自己目的的人都会受到惩罚，或者被流放。他也许会诱惑你，主动提出帮助你，但你很快就会发现自己所做的一切都事与愿违。成为一个强大社会团体中的一员固然有诱惑力，但在控制者掌权时通常都是这样，要想成为他的"执政"人员之一，你得付出沉重的代价。

3. 可怜的恶魔　可怜的恶魔会用移情作用诱惑"鱼儿"上钩，他们总是强调自己的受害者身份。如果你一味地认为自己受到了不公平的待遇，可怜的恶魔就会和你一起喊冤。从此以后，你去参加伤心派对时绝对不会形单影只。无论发生了什么不公正的事或者什么阴谋,无论是谁亏待了你,都将受到这个可怜恶魔的污蔑、辱骂和谴责:"这不是欺负人吗?生活真是不公平,快把人逼死了!还是再来一瓶杰克丹尼尔啤酒吧!"

可怜的恶魔抛出的诱饵是冲着你对理解、交情和增援的需要去的。但钓鱼线就是没希望,而且钓鱼线同时也是铅坠!失去希望是最能让你丧失能力的事。你可以失去胳膊、失去双腿,但仍然过着不错的生活。但是,如果你失去希望,你就没有目标了。可怜的恶魔不想让你拥有希望,因为他的力量只能在你的无助中才能体现出来。

4. 嫉贤妒能者 嫉贤妒能者总是随时保持高度警惕,生怕别人侵犯他们的地位。如果他们看到你正变得比他们更强壮、更苗条、更健康、更幸福、更富有,或者更有影响力,他们就会拿出大号枪支向你进攻,这是嫉妒和羡慕被无限夸大的结果。他们通过邀请你进入他们圈子的方式来诱惑你,但是,如果有任何迹象表明你正在超越那个圈子的界限,他们就会把你的腿齐膝砍断。

这些人总是在寻找新的方法来保持对你的限制和阻碍,为了进一步巩固自己的地位,他们会想方设法贬低你。嫉贤妒能者从来不会为你的成功感到高兴,他们从来不会真诚地为你取得的胜利或获得的幸福庆祝。我曾经回母校当过教师,和自己以前的老师一起共事可能是件好事,也可能是件坏事,这取决于在母校的教职员工中暗藏着多少嫉贤妒能者。我以那种身份在母校教了5年书,花了非常多的时间从学生和同事的角度来转变和每个人的关系。我工作努力,出版的学术论文比任何人都多,在学术界得到的肯定也比任何人都多,而且还超额完成了工作任务。我和母校的教职员工之间相处得很好,我也感觉有种亲切感。但是,无论什么时候当我好像要在地位、经济奖励或者成就上超越我的同事们时,那种亲密关系就会变得紧张起来。

这几种有害的人都会向你抛出包容、归属感和友谊的诱饵,但是,只要你试图摆脱他们的控制,他们就会毫不留情地把那些东西全部收回去。为了保住自己的权力,最猛烈的人会不惜一切代价,这可能包括主动为你提供毒品、性服务、金钱、地位等一切能诱惑你把个人自由出卖给他们的东西。街头帮派中都是这样的人，但乡村俱乐部、企业社团、学术部门和运动俱乐部里面也不乏这样的人。关键是，当他们的诱饵抛出来的时候，你自己不能上钩。

调整竞争心态

在复杂的社会环境中，如果你知道什么样的人际关系更积极、更有益，你就更有可能避免被那些有毒的怪人们摆布。千万不要犯这样的错误：以为人人都应该站在你这边，都应该完全支持你。无论怎么说，这样的想法都不现实。但是，我们大多数人都能从健康的竞争和同心协力、相互支持的人际关系中受益。

竞争可以是一种非常强大的动力。这很好，因为总会有人在工作、爱情或者金钱上与你竞争。这是逃不掉的，所以你最好还是主动去面对。竞争关系与任何其他关系一样正常，但是，为了保持健康的竞争关系，有一些规则是必须遵守的。如果违反这些规则，就会造成不良的后果。所以，第 1 条规则就是：有规可循。

第 2 条规则是：每一件事都会有赢家和输家。只是认识到这一点，也将有助于把事情的进展维持在一个良好的状态上。太多的竞争者把自己的一切都押在每件事的结果上。因此，如果竞争不是为了增强自己的实力，而是成为了增强控制别人的能力，事情很快就会被丑化。兰斯·阿姆斯特朗 (Lance Armstrong，美国著名的自行车赛冠军，曾于 1999～2005 年连续 7 年夺取环法自行车赛冠军。——译者注) 的母亲对此发表了自己的看法。当兰斯刚开始参加自行车竞赛时，他几乎没有表现出任何有朝一日会成为世界奇才的迹象。但他母亲鼓励他把注意力集中在怎样提高自己的成绩上，而不是集中在怎样去打败更有成就的自行车选手上。有了这个前提，阿姆斯特朗全力与时间竞争，而不是与同时参赛的运动员竞争。结果，他战胜了时间，比之前的任何人都做得更好！

如果你把竞争者看成是帮助你的人，而不是敌人，你就可以保持健康的竞争关系。你的竞争者们可以帮助你检验自己是否能与最棒的人较量，他们能帮助你激励自己，能给你鼓舞，能帮助你集中精力。记住，你竞争的目的不是为了不输，而是为了赢。巴特·斯塔尔(Bart Starr)是第一届超级碗(Super Bowl)橄榄球大联盟年度冠军赛绿湾包装工队(Green Bay Packers)的四分卫，他说："我们从未输过一场比赛，我们只不过是没有在终场时间到达之前得到更多分。我们在心里认为自己总是会赢。"

无论什么形式的竞争，选择一个能够促使你发挥出自己全部才能、磨炼自身技巧的竞争对手就是明智之举。如果你时间不够并且输了，就要看自己的表现是否有所改善，以便让自己一次比一次做得更好。抱着这样的态度去参与竞争，把它当成一次你能从中获得经验、检验自己和最优秀的人之间差距的机会。大学时，我是个相当不错的网球运动员，但我知道，我只有与最棒的运动员交锋，才能打得更好。我承认，我经常"时间不够"，但我喜欢和那些技能得到我欣赏的运动员较量。我从来不想为了赢而去和比我差的运动员打球。赢得那种胜利没什么荣耀可言。

健康的竞争关系对竞争双方而言都是力量的源泉。

穆罕默德·阿里(Muhammad Ali，美国男子拳击运动员，曾多次获世界重量级拳击冠军。——译者注)第1次在世界重量级冠军赛(World Heavyweight Championship)中遇到乔治·福尔曼(George Foreman，美国职业拳击手，拳击史上年龄最大的世界重量级拳王。——译者注)时，他是失败者。在前3轮中，阿里打得毫无特色，非常被动。他被乔治·福尔曼反复击中。但在比赛后期，阿里越战越勇，掌握了控制权，并赢得了比赛。后来，这个拳击天才解释说，在前几轮中，每次当福尔曼打在他身上时，他都想象成自己是在吸收对手的能量。所以，随着比赛的进行，阿里认为自己正变得越来越强壮，而福尔曼却越来越虚弱。你我可能都不想去挨那样的打，但阿里知道自己在做什么。我经常运用他那种从对手那里吸取力量的意象，每次都很奏效，当然，前提是另外那个人不把我当成吊袋打。

在竞争关系中，你追求的目标是把自己的才能和技巧最大限度地发挥出来。在协作关系里，你期望把自己的才能和技巧与别人的融合起来。与孤军奋战相比，这种合作的力量能够帮助你取得更大的成就。

协作也需要运用考虑周到的领导方式，不同的局面需要采取不同类型的领导方式来处理。直接领导是军训士官运用的一种领导方式。在战场上，如果出现危机和混乱，当成功的基础建立在条理清晰的指挥链条和无可置疑的服从之上时，他们的智慧和控制方法是最有效的，同时也是最有必要的。温斯顿·丘吉尔常常被看成是有巨大领导力量和领导智慧的人，但是，他一直败得很惨，直到第二次世界大战的危机出现，才给他带去机会。在这种情况下，需要的正是正确的方向和充满自信的领导人物。

如果不是在生死攸关的紧要关头，直接领导或者指挥链条并不那么奏效。运动教练使用的通常是一种稍微轻松一些的领导方式，但并不总是如此。这些领导者通常不会使用发号施令的方式去激发运动员的斗志，而是激发团队的内部动力。通过创建一个每个人都会在其中承担风险的集体目标，领导者可以激发整个团队的力量。

第3种领导方式细腻而富有煽动性，这种领导方式称为"道德驱动法"。这样的领导人能找到一个比自己追随者的个人需求更伟大的事业或需求。通常，这都是一种"崇高的"事业，与伸张社会正义、进行慈善活动或者解决急需解决的问题有关。特雷莎修女(Mother Teresa, 1910年8月27日～1997年9月5日，又称德兰修女、泰瑞莎修女，是世界敬重的天主教慈善工作者，主要替印度加尔各答的穷人服务。她于1979年获得诺贝尔和平奖，2003年10月被教皇约翰·保罗二世列入天主教宣福名单。——译者注)是个脆弱的、平凡的女人，但她率领全世界的人们去帮助最贫穷的人，因此获得了国际领袖人物的地位。

领导社会力量的技巧

成为领导者需要付出什么代价？需要具备哪些技能？世上有"天生的领

导者"吗？是否任何人都能成为领导者？生活真的是一种在领导、追随和从中解脱出来中进行的选择吗？有些人好像具有天生的领导能力，但有些人能够通过理解那些鼓舞人们去追随和服从的动力和特性学到领导技能。毕竟，如果没有人愿意听从你的指挥，你就不能成为领导者。

我曾经担任过阿肯色州康复研究和训练中心(Arkansas Rehabilitation Research and Training Center)的研究主任，我们研究了精神治疗医师和他们的病人之间有益的人际关系的力量。我们发现，成就最大的精神治疗医师都是向自己的病人赋予权力，而不是对他们行使权力。

他们的领导方式中包含3个最重要的方面：

1. 善用移情作用

理解是人类最基本的需要。我们都希望自己的感觉和感情得到别人的认可。如果其他人说他们理解我们的感受，这有助于我们理清自己对这个世界的看法。移情作用是一种不带任何评论意见或个性化理解的表达形式。

这就是移情作用："你减了25磅？太棒了！你真应该为自己感到骄傲。这真是了不起的壮举！"

这不是移情作用："你减了25磅？嗯，你至少需要减掉那么多重量，不是吗？我希望你不会就此停止努力！"

这也不是移情作用："你减了25磅？我真的也需要减重。我在考虑早餐是不是别吃甜甜圈，午餐也别吃糖块了。天哪，如果我能做到，可能减掉的不止25磅！"

移情作用是对别人的独特经历表示出的理解，而不是与别人共同分享感受或经历。无论你怎么评价都不会高估移情作用的真实力量。这需要你在别人身上投入精力，去倾听别人的谈话，以便真正理解他们，这样得到的回报可能意义重大。如果人们感觉到你在倾听他们说话，感觉到他们受到了重视，他们就会对你表示信任。信任是最伟大、最宝贵的礼物。

在人类情感互动的平台上，移情技巧起着重要的作用。你在销售关系中表现出的移情作用越多，做成那笔生意的可能性就越大；你对配偶或爱人越理解，你们的关系就会变得越牢固；你对孩子的感情移入越多，他们的表现就会越好。移情作用是一种强有力的社会工具，因为它换来的是信任，而信任是一种红利巨大的通用货币。

通过倾听别人的感受，你能了解他们的敏感性、他们的偏爱和他们能够获得支持的渠道。最重要的是，你知道了他们的需要。你之所以会知道，是因为他们会告诉你，只要你认真听，就能听出他们真正想要表达的意思。拥有了这种知识，你就具备了理解那些默默形成他们的世界的最深刻的秘密力量。

2. 给予关爱

每个人都想得到积极关注。但怎样将这种关注表达出来，这可能存在理解方面的问题。当我们还是婴儿时，最想被别人抱在怀里，我们需要抚育的本性可能是生活本身的基础。和那些得到过最低限度的触摸和抚摸的婴儿相比，没有得到这种方式关爱的婴儿患病和死亡的概率更高。对"治疗性接触"的研究证实，通过触摸散发出的能量的确对创伤和情感疾病有治疗作用。

但是，人们对于"关爱"究竟是由什么组成的这个问题看法迥异。意大利人经常把拥抱和相互喊叫当成一种表示积极关注的方式，美国有些印第安部落是通过亲密交谈和互换礼物的方式来表示关爱的。许多文化都使用一种无法用语言描述的"超层次沟通"的方式来表示关爱，它的表现形式可能是触摸、面部表情、善意的行为和无条件的支持。在专业治疗中，病人可能会对别人表示关爱的行为感到迷惑，错误地从本质上把它们理解成性信号，这只会造成麻烦。因此，正式地设定一些表达方式的具体界限可能是十分必要的。治疗师们总是需要让病人知道，安全是人类首要关注的。

对别人表达关注，这是强有力的社会工具。我自己的研究已经发现，多达75%的人对非语言关爱方式的反应比对语言关爱方式的反应更为强烈。当菲尔博士还在负责管理他的法院咨询公司——法庭科学公司时，我和他共事过。我们帮助评价陪审团在审判中作出的决定以及专家在审判中发表的意见的可信度。我们发现，在衡量证人的证词时，证人的外表和行为特征是陪审员使用得最多的关键因素。如果证人显得很自信，敢于看着陪审员说话，他们就会更相信他的证词。

同样的基本原则也能用于在社会生活中建立信任。如果你想建立信任和影响力，需要考虑一些关键的超层次沟通因素，它们是

触摸：轻轻地触摸别人的动作所蕴含的触觉影响能传递出表示支持和信任的巨大信号。

声音：尽管严厉的语气的确能起到吸引注意力的作用，但与之相比，温柔一些的语调更能表达出你需要得到更多的关注。如果一个人的声音较大（不是喊叫，但如果你想要别人听到你的意见，为了强调自己的观点，你需要特别提高音量），别人也会认为这个人有自信。

握手：许多人是通过握手来判断一个人的诚意的。为了强调你的说服能力，握手时要手势坚定，自信满满。

目光接触：视觉联系越强，互相作用的两个人之间的关系就越紧密。

面部表情：你的神色越肯定，别人越想与你进行感情接触。利用各种面部表情，比如适度的微笑、点头（好像你理解了），以及对别人的观点表示赞成等，这些都不错。挖鼻孔和打哈欠的确是很不好的习惯。

身体语言：你越多地"反射"出和你一起的那个人的姿势，你们之间的关系就越紧密。

手势：你能运用双手来表现一种积极的关系，这样做得越多越好。反复地指着对方然后又指着自己，这种方式能传递出归属感和认同感。

3. 待人真诚

没有人想被别人看成傻瓜，人人都想得到尊重，人人都想和诚实正直的人打交道。为了表示诚意，你必须把你的感觉清晰明白地说出来，然后"说

到做到"。真诚是通过你的感情表达方式透露出来的,而不是通过你对别人的评价表达出来的。

说"那个人是骗子"只能反映出一种观点,而不是一个事实。这当然与你的感情无关。更正确、更诚恳的说法是:"那个人伤害了我,因为他好像对我撒谎,破坏了我对他的信任。"这句话说明你是从自己的观点和你个人的反应来发表意见的。那个人可能撒了谎或者没撒谎,但你真诚的看法是你错误地信任了他,并付出了代价。

人们经常问我在某些具体情况下该怎么办,比如怎样应对生气的老板或者怎样处理自己不想建立的人际关系。我对他们表示同情,但我通常不会发表自己的意见,因为我不清楚那是怎样的情况,万一我在不了解情况的前提下给出了错误的意见,我不想别人去承担由此而造成的后果。

对别人意见的反馈也可以通过真正的诚意来处理,但反馈与批评不同。真诚是建立在你自己的感情和反应的基础之上,而不是建立在个人判断之上的。如果你和你的配偶产生了争执,配偶说了一些让你感到恐慌的话,你的第一反应可能是:"你正在变成一个卑鄙自私的人。"但真诚的反应应该是:"我开始害怕你了,因为你的嗓门正在抬高,可能你正在生我的气。"

真诚不会拉开人与人之间的距离,它只会让你们走得更近。

打造支持你的团队

你为自己的"团队"所选择的人对你在社会上取得成功十分重要。无论是建立什么样的团队,你都需要找到那些支持你的目标、希望你成功的人。这些目标和成功包括战胜严重的疾病和富有挑战性的事件,建立商务关系,走出经济困境,解决结婚、离婚这样的两性关系冲突,以及学习一切我们为了实现自己的目标而必须从生活中学习的其他功课。

在你建立自己的社会力量团队时,为了帮助你战胜必须面临的挑战,你需要一些具备某些领域专业知识的人员。这样的特殊人员包括顾问、合作伙伴、真正信任别人的人和一名裁判。

1. 专业顾问

顾问是指那种具备你所在领域的专业知识、能够帮助你战胜那些需要凭经验才能战胜的挑战的人。如果你正在与某个身体问题作斗争，你可能会找一位医生或者专家，他们能够清楚地解释你正面临的是什么问题，需要作出哪些选择。虽然这个人可能是你自己的家庭医生或者负责你的保健的专业人员，但是我还是觉得最好是一个能够帮助你了解专业保健的人员，而且要在一种更为惬意的环境中，而不是在医生的办公室里，这样你才能更加清楚自己的选择。

1995 年，我在加利福尼亚时犯过一次心脏病，幸好没有造成永久性的伤害。我有个了不起的医生，斯坦福医学院的约翰·施罗德 (John Schroeder) 医生，他对我富有耐心而且直率，但我需要自己的顾问，于是我就找到了拉里·多西 (Larry Dossey) 医生，他能够用我听得懂的语言向我解释医学细节。然后，在面对我的医疗小组时，我就有了更多的力量和信心。我设计了一个很有效的痊愈方案，拒绝成为医疗体制的牺牲品。

我们不可能懂得一切。权威人物可以起到恐吓作用。在一个接受过更多训练、经验更丰富的人面前，你可能觉得自己无能为力。所以，你应该会觉得自己有权利求助于一个自己相信的权威人物，以便满足你的需要。我个人的经验是，在遇到那些让我感到恐惧的挑战时，我会求助于"大人物"。如果我觉得需要一个代表社会力量的角色出面，我非常愿意给法学院院长、市长或者参议员打电话。

2. 合作伙伴

你的合作伙伴就是与你同舟共济的人。你把合作伙伴当成一块增音板 (sounding board)，他们会为你提供支持，让你完全放心。合作伙伴还需要提供忠诚和承诺。你需要一个这样的朋友，无论正确与否，这个朋友自始至终都会和你在一起。他或她不一定要英俊、潇洒、明智、聪慧、乖巧，甚至可能其貌不扬。你的团队需要的是一种能够增强社会力量的值得信任的关系。

与袖手旁观的人相比，合作伙伴的出现更令人感到安慰。你们的关系往往建立在无条件的爱心上，也就是你可以期待的从父母或祖父母那里得到的爱。如果你想找到一个默默支持你、爱你的合作伙伴，他或她最重要的使命就是为了你的生活而存在，那么母亲就是可以参照的伟大典范。

3. 真正信任你的人

真正信任你的人是那种无论你正确还是错误都没有客观意识，但却总是为你喝彩的人。真正信任别人的人看到的是生活中好的一面，能够把注意力集中在鼓励别人身上。为了成为值得信任的拉拉队队长，他们必须得到可靠的信息，但那些信息应该是积极的。

我记得中学时有一天做错了事，被叫到校长办公室去。我已经不记得是做错了什么事，可能是因为我和女朋友内尔手牵手。那时，这是被视为严重违反校规的行为，叫 ODA(Obvious Display of Affection，公开表示感情)。我的姑姑西丝霍尼当时也在那栋楼里上班，是学校的图书管理员。她看到我在办公室外等候，就走过来问我在那里做什么。我解释说我被指责犯了 ODA 错误。她径直走进校长办公室，说："无论他做了什么，都不是故意的。我是来这里保护他的。"门立即关上了，他们要做进一步的讨论。10 分钟后，校长让我回教室去了。

显然，我姑姑不知道我做了什么，但不论好坏，她都站在我这边。如果从社会力量上讲，她那时就是个真正信任别人的人，今天仍然是。

你需要一个真正信任你的人来拥护你的事业。为了赢得这种忠诚和支持，你必须证明你对一个超越自己个人需要的目标非常执著且具备很强的原则性，同时还要表现出很强的责任感。

4. 中立者

中立者就是充当客观观察者的人。你或许不能从这个人身上获得信心或建议，但你可以指望他会直言不讳地把事情说出来，而无须担心你的反应，甚至不必担心会被你解雇。中立者可以用一种客观的方式向你进行反馈。这个人会告诉你需要听什么，而不是想要听什么。这个人知道世界的本来面目，知道世界不是你心目中的样子。

延伸阅读

你出生在一个由成人主宰的世界里，从你出生起，他们就确定了你的身份，完全控制着你。希望得到认可和支持的需要从来不会消失，因为我们是相互依赖的。如果尝试回避那些力量，就会减少我们自身的力量。对于这个地球上所有生物之间牢固的相互联系来说，"没有人是一座孤岛"这句话包含着许多真实的含意。

问题不在于这种力量是否存在，而在于你是否准备好了去利用它。我们当中很少有人接受过怎样利用社会力量的教育，有些人把这种力量用于建设，而有些人却把这种力量用于破坏。希特勒当然是个强大的领导者，但却被自己的邪恶目标彻底毁了。而甘地和马丁·路德·金却把自己具备的社会力量用于为我们大家谋取利益。

本章介绍的掌控社会力量的技能能为你提供许多方法，让你能够向更高层次发展。你必须有动机合理的建设性目标。社会力量的运用就像试图驯服一条蛇，如果用积极的目标来引导，它可能非常强大。但是，如果你不能仔细衡量你自己和你的目标，它也可能反咬你一口。

第 11 章

Raising the Limits of Your Creativity

创造力无极限

THE IQ ANSWER

许多人把我看成是很有创造力的人。我写书、编故事、画画、把葫芦雕刻成艺术品,甚至还出售过一些我的葫芦艺术品。我设计的干花插花现在是许多人家里的装饰品。我写诗,还写过几首歌,不过大多数都太过时。我还录制并出售过鼓声CD,当我不用忙于生计的时候,我就会去拨弄我的那把低音电吉他消磨时间。

作为一个心理学家,我对创造过程非常入迷。在我回到研究院,准备把数学硕士学位攻读完之后,我就开始了对创造过程的研究。也许和大多数人所相信的正好相反,数学的研究生课程并不是潜心研究加法公式、高超的运算技巧或者计算机模式,那些事情都是由会计系和计算机系的人去做的。数学研究生研究得更多的是数字系统的理论和性质。比如,大多数初中生都知道质数,也就是只能被自身和1整除而没有余数的整数,如2、3、7、11等,我们研究的课题可能会是找到可能的最大质数。依我看,这样的课题练习对任何人的日常生活都没有多少直接的用途,但它们对我来说却都是令人兴奋的问题。

随着课程的加深,我清楚地意识到,要解决这些问题,需要付出的劳动可能不仅仅限于课堂上的努力。实际上,有时需要整整一个学期才能构思并解决一个问题。数学硕士生的论题通常是一个需要找到全部逻辑证据的问题。许多问题都存在于一个较大的问题之中,每一步都需要用更广泛的概念来解决。我很快就动起脑筋来,那些问题都太大,不可能被完全掌握,必须被分解成许多小的问题。

我最终是怎样找到创造性地解决问题的方法的呢?虽然这听上去可能会让你觉得有点像小孩子的游戏,但是,对我一直很有效的却正是下面这个过程：睡觉之前，我会回顾解决某个问题所需的所有因素；接下来，我会在大脑里构想一下自己在某个项目或课题中需要承担的使命；然后，我会请求上帝帮助我解决问题，放手把问题交给上帝和造物主的计算器。

凌晨 5 点整，我会准时从梦中醒来，并得到解决问题的办法！困难的是从床上爬起来并把它写下来。因为我同时也发现，如果我没能立即把它写下来，它就通常会在我梦醒时刻到来之前消失。

实际上，我写这本书和其他每本书时，用的也都是这种方法。我首先会确定我想讨论什么主题，我请求上帝帮助我让它变得更清楚，与读者更相关，然后我就睡觉。凌晨 5 点，我醒来，并把它写下来。

那么，你也许会问，我的书真正的作者究竟是谁？我还记得我曾坐下来写过一本小小说，叫《治疗》(*The Cure*)，小说的主角是一匹身患癌症的狼，为了弄清楚这种疾病究竟是怎么回事，它走遍了整个森林，找到了自己的答案。它感觉自己真正的问题得到了医治，它所需要的就是内心的平和与自我认可。这本书已经对许多人起到了很大的作用，因为其中传递了许多深刻的信息。但不瞒你说，我几乎都不记得自己写过那部手稿。在创作那本书的过程中，我觉得自己更像是个抄写员，而不是作者。

我描述的过程并不是我的专利。实际上，在许多对有创造力的人进行的研究中，这个过程的步骤几乎是一模一样的。当然，具体特点有所不同，而且挑战性也随个人目标和需要的不同而不同，但令人惊叹的地方正在于此。我们的大脑能把我们带入那些我们过去并不知道它们存在的领域。它把我们与地球上其他的任何生物分割开来，它是大脑受过训练的思维中心的对立面，它更像是个非思维中心。

创造过程中大脑的工作原理

创造过程中大脑的工作原理迥异，这与你试图解决的问题的种类有极大关系。你一定还记得，我们测量大脑皮质区的电流输出量时是把它们分成 5 个基本范围的，参见下面：

名　称	范　围	意识状况
δ	0.5～4Hz	睡眠
θ	4～8Hz	催眠恍惚
α	8～12Hz	放松
低β	12～16Hz	注意力集中
高β	16Hz以上	迷惑，注意力缺乏

当我们把注意力集中在问题上，并利用大脑学习基本的理性关系和使人信服的联想，比如 3×4=12 的逻辑，或者记忆谁是镭的发现者时，我们的大脑通常处于低 β 状态。实际上，脑电波看起来就像是蕴藏着信息的密码，与打印出来的形状相似，有点像字母或者音符。

相比之下，低 α 波不携带信息，因为你当时处于不再学习的放松状态。但是，虽然低 β 波可以传递信息，而高 β 波却太细长，不能承载过多数据。每个范围的波形都和该范围的声音模式相似。

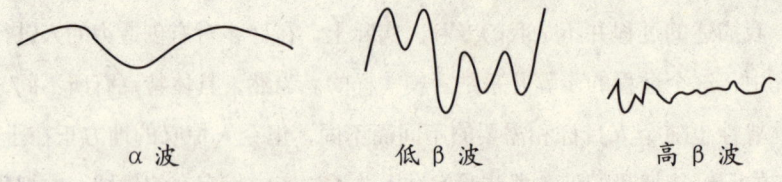

α 波　　　低 β 波　　　高 β 波

当你进入创造状态时，你的大脑基本上是从低 β 频率转换到 θ 频率。其实你是在停止注意力的集中，释放大脑，让它以自己的方式去工作。额叶通常负责管理你的学习和执行功能，以便让你顺利度过每一天，但此时，额叶却停止监管并封闭起来。不过，当你运用想象力时，其他叶就开始亮起来，特别是枕叶，以及与记忆有关的颞叶。比如，在睡眠中，有一个第 5 阶段，你的整个大脑都进入 δ 状态。但是，当你开始做梦，进入快速动眼睡眠期时，大脑叶便开始上演高 α 波和低 β 波的情景剧。这些梦境中包含着那些创造过程中你想记住的部分。

你也可能这样说:"当我请求上帝来主宰我的一切时,我把大脑交还给它自己了。然后,我就能转换我的注意按钮。"这与神学解释不是背道而驰的。有一种观点认为,我们的精神能在我们的身体中休息,就像它能在宇宙中休息一样。

你的大脑采取的步骤很神秘,也许永远不能被完全理解。我们都知道,当我们提出一个问题时,大脑可以发挥出特殊的功能。其中有两种功能好像是本能的:内插 (interpolation) 和外推 (extrapolation)。

内插的需要是指大脑有一种天生的本能,可以理解一个故事的开头和结尾之间的行动或过程。假设我给你讲了一个小故事,是关于一个小公主的,这位公主很寂寞,想到一座水晶山里去居住。如果我突然跳到故事里的 1 年之后,说公主和约翰 (John) 结婚了,正居住在一座水晶山里,你一定想知道她是怎样找到约翰的,她是否仍然寂寞,她怎么可能住在岩洞里?

这种对理解完整性的内在需要的心理学术语叫完形 (gestalt),这形成了发现全部自我这种心理治疗的概念,又称格式塔心理学 (Gestalt psychology,西方现代心理学的主要流派之一,根据其原意也称为完形心理学,完形即整体的意思,格式塔是德文"整体"的音译。这一学派于 1912 年在德国诞生,后来在美国得到进一步发展,与原子心理学相对立。——译者注)。心智有一种天然的倾向,可以从零碎的小片段中构造出一幅完整的图画或一个完整的概念。

让我利用一些图表,通过一个简短的练习来把这一点解释一下。我们利用自己对闭合状态的需要,通过选择最简单的全面概念,运用无意识的方法去感知全部。比如,在下页的图 A 中,你看到的是两组 3 个圆圈,而不是 6 个单独的圆圈;在图 B 中,出于同样简单的原则,你会认为自己看到的是两列 X 和两列 O,而不会认为自己看到的是 4 个横排的 XOXO;对于图 C 来说,这个原则继续发挥作用,你看到的可能是由两根线条组成的"X"的完整图形的两个组成部分,而不是两个 V;在图 D 中,为了闭合状态的需要,你脑子里可能会用那些基本的角去形成一个三角形或者一个正方形;在图 E 中,尽管两个图形表达的是同一个图案,但你的大脑更喜欢看到的是三维的盒子,而不是二围的六边形，因为这样更简单。

我们可以通过观察飞机穿越云层这样的简单练习轻而易举地体验到大脑的这些神经需求。当你的目光注视着飞机飞进云层，然后又从云层中飞出来时，你自然会认为这两件事情之间没有其他事情发生。但是，如果飞机从另一个地方飞出来，或者干脆消失了，我们就会开始感到不安。这种迷惑会令我们紧张，驱使我们想要去了解究竟发生了什么事。

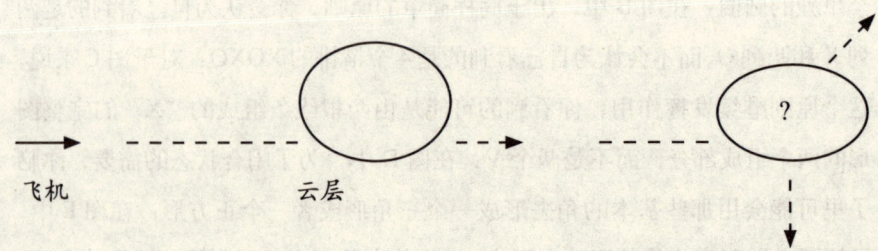

外推是你的大脑预测未来的某种确定性的需要。内插是试图理解两个时段之间发生的事情，外推是对事情的延展。比如，如果你看到一艘帆船从你视线的左边向右边航行，你的大脑自然会这样预测，根据对航行运动的估计，它应该以某种速度航行到你视野的最右端。

当你让你的大脑选择是否要在两条道的公路上超车，或者是否要去击打向你飞来的棒球时，它就能发挥这样的基本功能。这是大脑能够发挥的一种重要的无意识功能，目的是为了让你在生活中有一定的预测性。

我之所以提到内插和外推这两种本能的功能，是因为这些正是大脑喜欢提供创造性答案的问题。这些是大脑自身可以做得最好的活动，是创造过程的一种形式。如果你能给大脑足够的时间处理你给它提供的信息，它就能自然地把空白填补起来。让它解释你想要表达的陈述，或者构思你想要创造的图像，让它为你的知识空缺找到答案。你不用训练大脑创造一些解释或者解决问题的办法，它能够自动作出回答，但你可能不容易理解它给出的答案，因为大脑使用的语言不是英语，它使用的是符号，而且这些符号有多重意义。

我们之所以不理解梦境，是因为这些交流方式中包含着多种含义。如果我白天在为一道物理题求解，晚上梦到蛇，我必须问自己，这个梦与我的物理题有什么可能的关系？如果我说这两者之间可能关系很密切，我绝对不是在恶意地蛊惑你。据说诺贝尔奖获得者詹姆斯·沃森（James Watson，美国生物学家，1962年与克里克和威尔金斯共同获得了诺贝尔医学和生理学奖。——译者注）有天晚上梦见两条蛇围成了一个圆圈，就是在那个梦里，他找到了他长期探索的DNA分子结构的答案。

我们都有某种程度的创造力，但许多人就是不知道应该怎样接入大脑的相关部分。我们之所以常常不能充分利用大脑的创造力，是因为我们害怕它对我们的社会义务和社会期望造成的后果。我们扭曲了我们的创造力，因为我们的注意力集中在我们想要感知的东西上，而不是集中在展现在我们面前的东西上。比如，假设你在做一个重力实验，而你的实验表明，如果你对苹果进行祈祷，你就能把重力对苹果的牵引力反过来。你们当中有多少人愿意把自己的发现结果报告给麻省理工学院或哈佛大学这样的著名学校？恐怕许多人都会因为害怕失去自己作为科学家的名望而不敢上报吧。你的大脑删除了不少事情，因为你太害怕，无论从职业的角度还是从个人的角度，你甚至不敢去思考自己的观察结果。你已经建立起一个世界观，认为事情就应该是那样发生的，要想让你的心智想到任何与此不吻合的事情，都需要新的方法。

自我评估：在发挥创造力过程中存在哪些障碍

这个问卷将测试你进入你的大脑创造力中心的能力，同时还能测试你"开启"你的创造力心理能量的技巧性如何。根据你每天的具体情况，在下面的每个描述后面标示出"是""有时是""很少是"及"从来不是"。

1. 当我试图表现出创造力时，只能想到一些愚蠢的念头，起不了什么真正的作用。

　　　是　　　有时是　　　很少是　　　从来不是

2. 我年纪太大了，做事方式已经太固定，不可能有创造力。

　　　是　　　有时是　　　很少是　　　从来不是

3. 创造力是人与生俱来的东西，但我不属于那些人中的一员。

　　　是　　　有时是　　　很少是　　　从来不是

4. 我从来没有梦想。

　　　是　　　有时是　　　很少是　　　从来不是

5. 我是个做事拖沓的人，我总是把像"发挥对艺术的兴趣"这样的创造性活动往后拖延，而且从不开始行动。

　　　是　　　有时是　　　很少是　　　从来不是

6. 我从来不能把已经开始的事情做完。

　　　是　　　有时是　　　很少是　　　从来不是

7. 我总是觉得我的创造力成果从来都不够完美，如果别人想看看或听听它们时我还没准备好，我就会感到尴尬。

　　　是　　　有时是　　　很少是　　　从来不是

8. 如果我得不到创造性的、有用的点子，我就会不耐烦，灰心丧气。

　　　　是　　　有时是　　　很少是　　　从来不是

9. 我觉得自己行动能力瘫痪，不能去做某件事，于是就去找其他事做。

　　　　是　　　有时是　　　很少是　　　从来不是

10. 我记得当我的构想失败时，我不喜欢受到批评。

　　　　是　　　有时是　　　很少是　　　从来不是

11. 我最不擅长对自己提出批评。

　　　　是　　　有时是　　　很少是　　　从来不是

12. 我害怕已经有别人做过我想做的事，而且他们可能比我做得更好。

　　　　是　　　有时是　　　很少是　　　从来不是

13. 我之所以没有创造力，是因为总是有人在打扰我。

　　　　是　　　有时是　　　很少是　　　从来不是

14. 在寻找解决问题的办法时，我无能为力。

　　　　是　　　有时是　　　很少是　　　从来不是

15. 遇到挑战时，我感觉自己被完全击垮，而且没有人向我指明过直接的方向。

　　　　是　　　有时是　　　很少是　　　从来不是

计　分：

每一个"是"得3分，每一个"有时是"得2分，每一个"很少是"得1分，总分在1～45分之间，将你的得分与下面的说明进行比较：

总　分	说　明
38～45	这个分数表明你对自己的创造力几乎没有自信，几乎没有能力找到新的生活方式或者改变解决问题的办法。这还是灰心丧气和缺乏个人精神联系的信号。

25 ~ 37　　　　这个分数表明你缺乏那种富有激情的和积极的生活改变所需的创造技能。你可能害怕变化。

15 ~ 24　　　　这个分数表明你缺乏相信别人能解决你的问题的信心。但是，也有迹象表明你很欣赏自己的直觉，对更深层次的无意识能力有一定信心，但不确定。

9 ~ 14　　　　这个分数表明你欣赏自己的创造力，而且你已发展了一些天生的技能，能够把变化当成进步的积极机会。

0 ~ 8　　　　这个分数表明你对无意识能力已具备足够的信心，能够利用创造力，发挥自己的激情。这个分数说明一个人有高水准的能力发挥，能够带着兴趣和勇气去追求自己的目标。

这个测试能衡量你有哪些创造力障碍，因为这些基本问题都是用来评估那些能够反映出你的想象力的无意识特征的。创造是一种自然的过程，但我们总是喜欢把它与恐惧和焦虑联系在一起。观察一下自己的测试结果，如果存在妨碍你的创造力完全发挥的障碍，那么，只有在排除这些障碍之后，你才能体验到想象与创造的乐趣。

创意无限，激情生活

你为什么应该对创造力感兴趣呢？难道好必来(Hobby Lobby)或迈克尔(Michael's，两者都是美国著名的零售连锁商。——译者注)里面的画和艺术品还不够多，还不能满足任何创造欲望吗？难道作家们写出来的书还不够多吗？但创造并不仅仅是指"制作"工艺品或艺术品，而是一种生活方式，是设计你自己未来的工具。没有什么向导来引领你去战胜每天、每周、每月或每年要遇到的挑战，但那些挑战却依然存在。你每天发挥出的创造力越多，机会就越大，随之而来的挑战也越大。创造力可以把你从恐惧和愚蠢观念的桎梏中解放出来，让你充分发挥出天才的智慧，并从中享受到自由和乐趣。你可以创造一种新生活，重新诠释自己在其中扮演的角色。你将变成什么样呢？有了创造力，你将能自由地释放出真实的自我。但是，当你早晨醒来去上班时，这意味着什么呢？如果启迪不能给你力量，不能让你作出新的生活选择，那它几乎毫无意义。它可能意味着回归你最原始的生活价值：你想创造一种什么样的生活？你想怎样影响你身边的人？

这些答案决定了你的文化的丰富性。通过创作艺术、文学、塑像作品和教义等，你正是在丰富别人的生活，对精神成长表现出更深的敬意。创造力扮演的角色是帮助我们大家认识到我们内心的深度。创造性的表达方式能够把我们大家联系起来。创造过程的定义就决定了这条道路充满创造性，你在这条道路上走得越远，你的生活就会越丰富。

激发创造力的步骤

激活创造力的步骤有4个：进入(immersion)、孵化(incubation)、符号阐述(symbolic formulation)和评估(evaluation)。每一步都能打开创造力的另一扇大门。你可能需要通过实践设计出自己的通道，因为这个过程是因人而异的。

步骤1 进入

这个进入阶段是尽最大努力研究你所面临的各种创造挑战的时期。如果你想画什么东西，你可以研究一下别人用的颜料种类、透视线条等。如果你想创作一部长篇小说，你可以先阅读其他小说、上写作课等。如果你想发明一种新的捕鼠器，先研究其他捕鼠器、老鼠的行为等。为了让创造过程开始，你必须了解基本的信息。爱因斯坦并不是坐在家里看重播的电视节目时创造了相对论的。

在进入阶段，你知道了该提出哪些问题。像写诗和作曲这样的创造活动需要利用生活经验，正因为如此，最好的作品都是发自内心的，而且都能够感染别人。如果你从来没经历过爱情，就不要去写爱情，因为要写什么东西，你就必须先去经历它。最好的基本建议是：写你知道的。把自己的艺术作品建立在生活经验的基础之上，然后充分发挥想象力和创造力。如果一个小孩子想向我表达他的痛苦和难过，说他无论对什么都没感情，我会生气，因为我觉得那纯粹就是无病呻吟。

为了激发灵感，不要害怕用各种创造材料进行试验。我遇到数学难题时往往会去研究音乐理论，以此释放自己的心智。这往往能让我的心智不受任何约束地舒展开来，让我找到数学题的解题方法。当我分析心理疗法问题时，我常常去摆弄我的马儿们，这非常有效。大脑喜欢多种多样的数据，而且会把不同的隐喻用到创造中。

步骤2　孵　化

当你把大脑从低 β 能量转换到 θ 能量时，孵化阶段就开始了，创造过程正式启动。秘诀是允许这个开始的过程在毫无焦虑或恐惧的情况下发生。焦虑是创造力的大敌，因为它不允许大脑在催眠状态下孵化，但却正是在这种催眠的状态下，我们常规思维之间的分界线才会变得模糊，而恐惧会让这个过程完全混乱。有创造力的人都能找到进入孵化阶段的大门。阿尔伯特·爱因斯坦经常利用拉小提琴的方式帮助自己放松和"发现"问题的解决办法。海明威经常是写完小说中的 500 个单词之后就跑去当地的小酒馆"放松"。

把大脑转换到"创造"模式的方法不计其数，而且都很有趣。身体的物理变化也可以促进这个过程。下面是几个普遍适用的方法：

欣赏一些音乐作品，从简单的击鼓乐到古典的管弦乐、舞曲、吟唱和歌曲都可以。

用特殊的方式进行呼吸，比如第二章中提到的那些方式。为了把注意力集中到呼吸体验上来，有些人会去隐居几个星期。

连续不断地跳舞和运动，比如不停地拖着脚转圈、摇摆、在摇椅中摇动、有节奏地迈步、跳苏菲舞(Sufi dancing，也称旋舞，苏菲是伊斯兰教里面的一个神秘教派，他们讲究苦修，苏菲舞是他们的一种宗教活动，通过裙子的不停旋转从而达到修行的目的。——译者注）和旋转等，让肌肉运动知觉把难题和问题表现出来。

向神念咒语和祈祷知识的源泉、英雄的精神、"心中的佛佗"(Buddha within)、"更高的自我"(higher self)、神力(higher power)，正式祈祷或意象冥想，曼特罗(mantra，一种神圣的语言形式，在祈祷、冥想或咒语中重复。——译者注)，重复"我是"(I am)这样的话语等。

克制自己，不让大脑分心，赞同禁欲，回避社会接触，寻找宁静。

拒绝刺激性物质和活动，包括咖啡因、糖、电视、收音机和吵闹的音乐。

压力诱导，把大脑从通常的意识，如极度的生理痛苦中转移开来，长时间站立或舞蹈，剥夺感觉意识，就像在献祭、疲惫、饥渴时一样。

交替刺激感觉，比如闻各种花或草药、点燃的香等。

变换环境，比如去一个神圣的地方（教堂、寺庙等）、沙漠、海洋、高山、洞穴等。

单独驾车时可能是一个非常有创造性的时刻。说到创造步骤和计划，我在车上完成的事比在办公室里完成的还多。交通阻塞是最令人高兴的事！

1860年，俄罗斯人门捷列夫参加了在德国卡尔克鲁西(Karlscruhe)举行的第一届国际化学会议(First International Chemical Congress)，会上关于原子重量的计算方法的讨论给他留下了深刻印象。1869年3月1日，他陷入一种精疲力竭的状态之中，醒来后却产生了设计化学元素周期表的念头，这是解释这个基本的自然模式的基础原理。

步骤3　符号阐述

从孵化阶段开始出现的阐述或图像很少能被立即理解。你的问题和使命越复杂，创造的过程也就越复杂。由于大脑常用的是符号，而非语言，这就让解释说明变得更加困难。和梦境一样，那些答案有时简直就让人不明白是什么意思。

作为一个与图像和符号长期打交道的人，我已经简单阐述了7个创造性的大脑符号的基本来源，可能对你自己的解释会有用。从古代开始，这些原理就被用于治疗，它们的运用可以在考古废墟中略见一斑。

1．**神经硬线**。每一个大脑都是按照预置好的图像进行硬线布线的，比如那些看得见的螺旋、栅格、网状结构和基本的几何图像（圆、方形等）。这些图像在你心不在焉的时候突然出现，这是很平常的事情。螺旋往往表明你的自我反思正在加剧；栅格常常表明一个人在与其他人沟通，或想到了其他主意；而网状结构则常常被解释成与一个中心人物或问题有联系；方形传递的信息是需要建立基础；而圆一般暗示着结合与和谐。

2．**身心沟通**。身体经常发出信号，说明它需要帮助。这些信号可以被诠释出来，帮助你进一步了解自己的创造过程。心的图形可能就是象征性地表明你需要关爱。每一个身体器官也会发出特殊的信息，你那个创造性的大脑可以解读这些信息，从而形成一些想法。这些想法代表着可能的行为，可以对身体起到治疗的作用。比如，如果别人激励你向往更健康、更有创造性的新的生活方式，那么，这个备受关爱的人的图像表现形式可能是栅格，心脏也会毫无恐惧地自由跳动，脑子里还会出现在辉煌的大道上奔驰的情景，这都表明你在憧憬着愉快的新生活。如果你能够理解这些信息的复杂性，能够对这些信号传递的信息进行个人的领悟，就可以避免造成更危险的后果。你可以向爱你的人伸出求助的手，你可以学着释放自己的恐惧，你还可以隐退一段时间。如果自己多加注意，这可以避免心脏病的形成和与压力相关的长期病症。

3．**精神动力**。我们从创造中得到的许多见解都来自我们的内在动力。创造力往往是被情感混乱或冲突激发出来的。激情会驱使一个人进行更深层次的自我探索。破碎的心可以激励我们去探寻爱的意义，或者把痛苦和欢乐都表达出来。

《罗密欧与朱丽叶》这个悲剧只可能是一个经历过浪漫爱情的大喜大悲的人写出来的。写圣歌《奇异恩典》(*Amazing Grace*) 的人一定感受过主的恩典，并沐浴在恩典之中，对那种感觉有真切的体验。这首圣歌的作者是约翰·牛顿 (John Newton)，他曾经是个奴隶贩子，后来却成为废奴主义者。牛顿是个身上有着明显矛盾特征的人：有很多年，他都靠贩卖奴隶谋生，但有一段很短的时间，他让自己成为奴隶，在塞拉利昂种酸橙树。1748 年，海上一场可怕的暴风雨让牛顿过上了新的生活，他成为牧师和反对奴隶制度的激进主义者。在他那次最著名的创造性经历中，他回顾了自己从暴风雨中获救的过程以及没有上帝的生活。

创造力总是在经受苦难和挑战的时候锤炼出来的。这些心理动力以艺术的形式表现出来，它们表达出我们大家内心深处的秘密，这就是创造力和技术不同的地方。

4．大自然。在我们的文化中，大自然的象征符号是非常突出的，因为我们的大脑就是大自然的作品之一。在我们的梦境中，像风、火、雨这样的自然元素也很突出，因为梦是创造力的另一种表现形式。马通常是力量、美丽和自由的象征，经常出现在梦境中。鹰也一样，因为它是力量、自由和美丽的另一个象征，同时也是智慧和远见的象征。对大自然象征符号的解释基于它们的功能和与个人价值观的联系。

5．文化。大自然象征符号的含义由它们的功能和它们对我们的价值来决定，同样，文化图像象征着我们的信仰。在一些文化中，猫头鹰代表智慧和神秘，在其他文化中，它却代表着死亡。对一些人来说，金钱代表权利，而对另一些人来说，它却代表腐败。有创造性的人常常用象征符号巧妙地让自己的艺术品传递出某种信息。莱昂纳多·达·芬奇的画里就包含着数十个隐含的文化符号，向他的崇拜者和批评家们传递着各种信息。

6．集体潜意识。"集体潜意识"是一个心理学术语，在卡尔·荣格的作品中第一次出现。荣格是创造力大师，也是西格蒙德·弗洛伊德早期的同事。荣格对潜意识的源泉很感兴趣，他认为对符号的创造性使用就是从那里开始的。他的观点和弗洛伊德的心理分析结论不一致，后者的观点是，所有的心理能量，特别是创造力，都源自性能力。荣格则通过词汇联想进行科学分析，认为创造力的绝大部分来自我们祖先的集体思想和观点。他的观点是，创造力和智慧是作为潜意识遗产的一部分遗传给我们的大脑的，目的是为了让每一代新人都能从上一代人的智慧中受益。由于那种遗产可以被遗传下来，所以我们不用去反复学习同样的真理。祖先们希望每一代新人都能因为这些已经被前人学到的东西而比上一代人生活得更好。

这个想法让人欣慰，比那种认为每个人一生的智慧都将随着那个携带者的去世而被一起埋葬的想法好得多。这种集体潜意识能量的相关性在于，创造力好像是它唯一的表达方式。这些前人学到的真理是通过我们的心智通道和艺术渠道传递给我们的。

7．完美的符号。一个最有争议的问题是，我们的创造力来自一个我们不知道的地方，它在我们潜意识中播下了自我进化的种子。约瑟夫·坎贝尔（Joseph Campbell，被认为是20世纪最重要的神话学家。他以神话—原型批评理论和精神分析的观点所开拓的神话学研究新思路对国内神话学、人类学研究具有重要的启示作用，著有名作《千面英雄》。——译者注）在描述千面英雄的历险和如何扮演上帝信使身份的传教士角色时，许多这样的观点都得到了他的赞同。为什么有些人出身贫寒，却在一生中的某个时候对社会发展产生了惊人的影响，而且他们可能还不是最恰当的人选，最基本的道理就在于此。尽管爱迪生、爱因斯坦、比尔·盖茨和许多有创造性的科学家走的都是不同寻常的道路，但他们仍然实现了宏伟的目标，得以把他们的创造力表现出来。这可能会让你纳闷，不知道有多少富有创造力的人从来没有机会和我们分享他们的天赋。你是否也可能有一颗需要孕育、需要表达的种子，只能通过你的创造力得到孕育？也许这就是创造力之所以存在的主要原因，它是人类精神的发展方式，是让我们变成善良可爱的人并找到和平的途径。我们的创造力可能正是这种潜力绽放的花朵。

步骤 4　评　估

并不是所有创造性的梦境或意象都具有象征意义，有些只是从你潜意识里泛起的沉渣。伯特 (Bert) 正准备创造一首关于失去一段深切恋情的歌，他去寻找适合表达他情感的歌词，但整整一个星期的努力换来的只是无数梦境。在梦中，他或者在打扫自己的房屋，或者回到大学时代，参加某次愚蠢的考试，却总是不及格。他肯定这与他生活中遇到过的什么问题有关，但他却不能把这些东西用到歌词里去。他冥思苦想，听击鼓音乐，甚至绝食，都没能得到什么启示。他试着听了很多歌曲，但没有一首能打动他。最后，他干脆去看电影《歌剧魅影》(The Phantom of the Opera)，电影中的音乐终于打开了他创造性潜意识的大门。原来，为了让创造过程开始，他必须在心理上进入正确的位置。

这个打开创造力大门、找到贴切的和有想象力的词汇的过程可能会很棘手，可能需要调整、审视和倾听你的内心。有些艺术家利用试错法排除行不通的情形，所以你才会看到他们把画了一半的画布撕得粉碎，或者把写好的初稿扔进垃圾箱。你可能也需要一个缪斯女神，一个可以用自己的心智、语言或身体引导你的心智进入创作状态的人。

创造不是一个被动的过程。你采取一个步骤，全身心投入到对一个故事的新的探索中，跟随它的步伐，打开创造大门，并承诺跟着它走。通常，旅程本身才是这段经历中最美妙的部分，当然也可能是最糟糕的部分。正因为如此，艺术家们才说他们会为艺术"受苦"。他们的创造过程可能会翻开他们非常痛苦的感情和回忆，但这却恰恰可以激发他们的灵感。作家们可能需要一生的时间才能写成一部长篇小说，因为他们的承诺就是要找到真理。也有这样的人，他们虽然有才能，但创造过程一开始，他们就觉得需要付出的代价太大，他们看到的只是可能遇到的困难。通常，这需要放弃对自己的主观控制，去面对赤裸裸的情感，然后把它们公之于世。只有具有创造性心智的人才可能接触到潜意识的或精神的源泉深处，找到未经处理过的原始材料，并从中过滤出它的含义。这可能是一件痛苦的事，也可能是件愉快的事。无论如何，这种对创造力的完美表达都能改变你的生活，也能改变那些与你分享它们的人的生活。

集体创造的力量

当你激发出你周围的人的心智力量时，强大的创造过程就会发生。这就是英明领袖们总是让自己身边聚集着众多革新者的原因。你也可以通过向朋友、家人和任何自由的人寻求创造灵感的办法来做到这一点。

我有一个朋友是美国一个土著部落里的长者，他说，共同参与是他们解决问题的关键过程。当他们遇到一个难题，找不到明显的解决方法时，他们就会利用部落居民的集体智慧，让部落理事会的所有成员有机会在3个晚上梦到这个问题。几天以后，他们再开会，给每个人时间来评估自己的梦，然后大家讨论那些似乎和手头上的问题不相干的梦。如果许多成员都说做了相似的梦，那大家就会把注意力集中到那些梦境上，看看是否能从其中透露的信息或象征意义中找到解决问题的办法。我的朋友还给我举了一个例子。

部落里有3个年轻人对部落的价值观表现出不尊重，这引起了部落的关注。由于他们并没有违反法律，所以也不能请求法律援助，但他们使用的语言危害到了社区的精神。部落理事会并不想驱逐他们，但对他们的宽容也是有限的。他们同意用做梦的方式寻找可能的解决办法和行动指引。

6位理事会成员做了相似的梦。在梦里，狼仔被鹰叼到自己巢里，并被禁闭在那里，直到被鹰教会了精神思维方式为止。除了一只狼仔之外，其余的都回到了自己的洞穴里，走上正确的生活道路。那只留下来的狼仔和鹰一起生活，学习怎样遵从神的旨意。经过激烈的讨论，并请巫师做了解释之后，理事会决定让3个男孩与3个长者一起静修3天。在这段时间里，3个男孩中的头领生病了，他被迅速送往医院，结果发现他的脑子里长了一个很大的瘤。他死了，另外两个男孩回到家，头领的死讯和静修的经历显然都让他们受到了很大的震动。这两个年轻人从此没再惹过那样的麻烦。那次经历增强了部落对集体做梦力量的信心，相信这种方式能引导他们找到最好的行动方案。

利用多种潜意识创造力（尤其是为了团队需要时）的过程与个人的创造过程相同。4个关键要素仍然是进入、孵化、符号阐述和评估。在团队的进入阶段中，所有成员研究需要探寻的目标或要面临的挑战，和那个美国土著部落理事会所做的一样。我们的执法系统采用的也是类似的方法，先把问题从不同角度呈现出来，然后由法官或陪审团对其进行评估。多年来，我已经作为专家证人提供过许多证词，不瞒你说，法官特别擅长找到非常有创意的解决办法。

在大多数团队的孵化阶段，有时可以在梦境中找到解决的办法，但大多数是在沉思默想的时候找到的。有些团队喜欢听个人音乐精品集，有点像宗教的团体活动。有些还要举行复杂的仪式，比如印第安人的太阳舞或罗马天主教堂红衣主教协会的秘密集会等。谁也不知道最高法院的法官们会做些什么，但就连他们也极少对必须决定的重大问题立即作出决定。商业团队也会召开会议来为机构中遇到的问题找到创造性的解决办法。在我们这样一个自由市场的社会里，经济变化总是很普遍的事。因此，为了让业务持续顺利开展，积极的、有创意的解决办法是必需的，这是打开机会的大门，走向成功的最有想象力的解决办法。每天，执行官们都要重复这个过程。

虽然评估创造过程需要采取多种方法，但是，有时这种分析也会导致对创造力的破坏。人们经常听到这样的传说，骆驼之所以被设计成今天的样子，是因为上帝把一个任务交给一个委员会，让他们造一匹马。综合多种富有创意的结果并不总是能得到最有效或最佳的解决办法，决定一个创意能否达到团队目的的是团队的集体智慧。

延伸阅读

如果我能够有一个得到政府批准的愿望（可能性很大），我想让全国的每一个人，也许是地球上的每一个人，把自己的生活故事写出来，发表在网络上。我岳母爱琳常在谈起她生活中发生的事时说："我可以写一本书。"你的经历是独一无二的，与其他任何人的都不一样。你拥有只有你自己知道的独特思想、激情和梦想。我们大多数人都在不断地调整自己去适应周围的环境，想要在不失去个性的情况下融入其中。但是，我们每个人的故事仍然是独一无二的，因为每个人在生理需要和感情冲突中遇到的挑战都不尽相同。我从事心理学研究最喜欢的部分就是听病人讲述他们的故事。他们的勇气和毅力常常让我吃惊，他们是我心目中的英雄。

据我所知，所谓"平凡的生活"是不存在的。每个人的生活都是一个创造的过程，都是一件艺术品。你可能处处循规蹈矩，从不引人注目，你也可能从来没有获得过名声，你可能永远不会成为美国总统，但你能以你自己独特的方式表现你的创造力。你决定扮演的角色取决于你对自己的看法和你身边的机会。有些人可能会感觉"平凡"，但每个人的生活中都有着非凡的元素。最后，你作出的选择和表现出的创造力会讲述你自己的生活故事。你是作者，那个故事的创作由你做主。

我们通过决定怎样在这个世界上生存来塑造我们的生活，这个事实让我兴奋，因为这反映出人类精神的激情。变化是不可避免的，我们的身体在变，我们的世界也在变。你不可能一辈子都是18岁，你的父母也在变，你会经历衰老，这是生活的基本法则。我不知道有谁是长生不老的，至少同一个躯体不可能长生不老。有时，我们固执地让自己的大脑一成不变，拒绝让它为我们服务，给我们带来痛苦的正是这种固执。

创造力不是一种特权。如果你想过上最有激情的生活，这是一种要求。为了避免挑战的痛苦，你可以把你的大脑关闭起来。如果你拒绝重新创造你的生活，拒绝利用等待着你的机会，你必将遭受损失。不要再固执了，不要让你的自负妨碍着你把自己的才能全部发挥出来。

一个人遇到一场特大的暴风雨，马上会爆发洪水。一个邻居从他家门前经过，主动提出让他和他的家人搭他的越野车到地势较高的地方去。家人接受了邻居的好意，但他却表示拒绝，说："主会救我的。"几小时后，水位上涨了八英尺，他坐在房顶上，一艘救生船开过来，希望把他转移到较高的地方去。他再次拒绝了别人的好意，解释说主会救他的。最后，他的房子已经全部被淹没，他只好抱着电视天线，这时一架救援直升机悬浮在他头顶，把一根绳子降下来给他，可他再次挥手让他们飞走，说上帝会来照料他。结果，水位继续上涨，他的房子坍塌，他当然也被淹死了。后来，那个人在天堂里遇到上帝，问上帝为什么没把他从洪水中救出来。上帝扬了扬眉，给了他一个让他意想不到的回答："我派了一辆越野车、一艘救生船和一架直升机来救你，但你却是那么固执，看不出它们是我派来的！"

你的创造力是造物主赐予你的。别过于固执或盲目，以至于不去使用这些天赋。带着激情生活，把自己的才能最全面地发挥出来。如果你不能完全利用你那个聪慧的大脑，那么我们都会失败，因为我们生活在同一个部落。我们的力量和我们的生存都依赖于我们把大家的集体创造力、智慧和梦想完全彻底地表现出来。

第12章

Smart Love

让爱创造奇迹

THE IQ ANSWER

C.J.22岁，正从事大学毕业后的第1份工作。他迷惑不解地发现，自己正处于沮丧压抑的状态之中。他不知道自己为什么感到那么不开心，但他知道这已经影响到了他的工作业绩。他担心自己会给别人留下不好的印象，这会影响到他在业界的未来。但是，他几乎连按时去上班的精力都没有。

他决定增强体力，希望心理能力也会随之增强。于是，他走进一个健身中心，开始在室内跑道上跑步。C.J.一直都知道锻炼能提高情绪，减轻压抑。跑到第3圈时，他的情绪开始好转，这时突然下起一场暴风雨，闪电让那幢建筑物突然断电，整个健身中心陷入了一片黑暗之中。

C.J.之前一直是在很轻松地跑步热身，所以立即停下脚步。但他后面跑道上的那个叫索尼娅的女人却在没命地快速跑，惯性的自然定律开始发挥作用，索尼娅一头撞在C.J.身上。

在电影中，这叫"浪漫邂逅"。

年轻男人和年轻女子四仰八叉地倒在跑道上，黑暗中，她的身体压在他身上。大惊失色的索尼娅先开口："对不起，但愿你没事。"

C.J.肯定地回答道："没事。实际上，这可能是我在这条跑道上或者任何跑道上遇到过的最开心的事。"

索尼娅喜欢他的声音和轻松的幽默感。由于健身中心仍然漆黑一片，两个人站起来，走到跑道边聊起来，好像已经认识了好几个小时一样。当备用发电机发动起来，电灯重新亮起时，两人都喜欢上了眼前看到的一切。

C.J.在黑暗中就已经被这个女人的气味、触感和声音吸引了，而在灯光下，她甚至更迷人。索尼娅也立即感觉到了 C.J. 的吸引力。他们就站在那里聊着，明确地向对方表示自己很浪漫，都还是单身，然后，C.J. 很自然地把事情搞定了，他们约好当晚共进晚餐。突然，我们这位年轻的朋友再也不感到沮丧了。实际上，他已经高兴得完全昏了头。索尼娅又把他撞回到原来的生活轨道上来了。

求婚过程当天晚上就开始了。C.J. 的新生活中充满了浪漫爱情的魔力，这对他产生的作用绝对超过了抗抑郁药物的效果。他梦里都是索尼娅，无论是吃饭、喝水还是睡觉的时候，她的形象都在他的脑海里萦绕，她成了他的缪斯女神。他开始为她写诗，唱歌给她听。他的生活突然有了一个目标。

索尼娅是个献身教育的老师。他很欣赏她这一点，而且知道如果想要赢得她的芳心，他必须证明他对自己的事业也是非常严肃认真的。C.J. 有了新的力量和目标，全身心投入到工作当中。他突然变得更有创造性，精力更充沛，在主管心目中的价值也戏剧性地提升，他的职位得到晋升。

显然，爱情在情感、智力、体力和创造力各个方面都对这个年轻人起到了积极的作用。

爱情是创造力的发动机

情绪快感可以激发创造力。浪漫爱情是我们最爱歌颂的"激活开关"，但友谊、亲子关系，甚至宗教信仰，通常也是激发创造性灵感的因素。

两性关系的动力，也就是我们所说的"爱情"，可能是许多积极心理益处的根源。但仅仅在过去的 10 年里，我们才开始从科学的角度去理解这个神秘的现象。

郑重的承诺，不管是对恋人、家庭、朋友还是事业的承诺，常常都是获得更大的心理能力的催化剂。在电影《铁拳男人》(*Cinderella Man*) 中，拉塞尔·克罗 (Russell Crowe) 用精湛的演技刻画了吉姆·布雷多克 (Jim Braddock) 这个角色，让这种现象在银幕上被演绎出来。影片讲述了一个普通拳击手是怎样找到鼓舞自己的力量，成为世界冠军的。在这个真正的男人成功获得荣誉的过程中，改变一切的力量是他认识到了这一点：为了家人，他必须走这条路。是那种郑重的情感承诺为他注入了成功的动力。据说这个伟大的运动员的妻子对他说过一句话："你是我心中的冠军。"这正是象征着信心和希望的力量。为了爱情而去扮演英雄的角色，这一直是生理和心理力量的重要源泉。

幸福是激发创造力的另一个开关。如果有人爱你，这是对你的价值最有力的肯定。当诺思·琼斯 (Norah Jones) 唱"如果摸不到你温暖的手，我将不知道自己是谁"时，她要表达的就是这一点。当迪安·马丁 (Dean Martin) 和其他许多歌手唱"如果没有人爱你，你什么都不是；如果没有人在乎你，你什么都不是"时，他们把这一点表达得更直白。

如果有一个你爱的人能对你的爱作出回应，这是最令人满足、最让人鼓舞的事，这还能让大脑产生奇迹。感情能激发神经联系，甚至能激活每个神经细胞里面的"记忆"。神经细胞有记忆，这个观点是个新概念，是加州大学洛杉矶分校的伊兹赫·弗里德 (Itzhak Fried) 博士提出来的（研究结果发表在 2005 年 6 月 23 日出版的《自然》上）。

神经细胞用信息发挥作用，特别是内侧颞叶的细胞，这个区域对形成长期记忆最为重要。弗里德的研究小组利用创新的研究方法对 3 个男人和 5 个女人进行研究。研究人员注意到，这 8 个人观察名人、普通人、风景、动物和食物时，至少在一个神经细胞中出现了明显的电反应。科学家们又从不同角度出发，在不同情况下进行了补充测试，研究不同神经细胞的反应。比如，在一个被测试者身上，只有看到珍妮弗·安妮斯顿 (Jennifer Aniston) 这个人的各种图像时，才会有一个神经细胞作出反应，发出强光；但是，如果画面上出现的是布拉德·皮特 (Brad Pitt) 时，那个神经细胞却拒绝发光。

最起码可以得出这样的结论：记忆可以被储存在神经细胞内，如果受到刺激，将激活更多的记忆和联想。如果从这种角度去理解，从最基本的层面上讲，爱和感情对记忆和认知功能都有帮助。幸福的推动力还能促使一个人变得乐观向上，感觉到自己有无限潜能。

这种神经系统的信息只是促使内啡肽循环全面增加的因素之一。如果一个人高度兴奋，特别是受到性刺激，就会产生内啡肽，这是一种体内镇痛剂，它们起到的作用就像是身体自己制造的吗啡。如果一个人身上没有需要麻醉的痛苦，那么，它们会直奔大脑的快乐中心。慢跑者体验到的"跑步快感"就是由它们引起的。

爱是力量的源泉

爱的定义有 1 000 多种。《读者文摘大百科全书字典》(*The Reader's Digest Great Encyclopedia Dictionary*) 把它描述成对另一个人或另一些人的一种很深的奉献或感情。希腊人把爱分为 3 种：agape 是无条件的自由给予的爱；philo 是朋友之间的爱；eros 是更多地建立在性或者创造性的表达基础之上的爱。我们以不同的方式去爱不同的人。如果你有两个孩子，一个叫蒂米，一个叫托尼亚，你会得到蒂米式的爱和托尼亚式的爱。如果你爱自己的上帝，你就能得到一种上帝的爱。

你对一个人的爱可以直接从你的大脑和身体中观察到。你的免疫系统会兴奋得发光，提高你对疾病的抵抗能力，而且你的肌肉力量真的也能得到增强。由于右脑受到刺激，你的创造力会突飞猛进，甚至男人也能把理性的想象和创造结合起来。

最让人感兴趣的是爱对被爱的人产生的效果，这还没能用科学的方法加以验证。我们都知道，新生儿如果得到关爱，就会茁壮成长，而缺乏爱护的新生儿的心理力量却倾向于受损。我们还知道，当我们通过祈祷或者引导想象把爱传递给一个人时，这个人的脑电图上的神经活动就会明显增加。如果爱的力量可以影响认知变化，那么我们所有的孩子当然就有了一种重要的力量源泉，阿尔茨海默氏症可能会被彻底消灭。我的意思并不是说这没有发生，我只是不知道它是怎样发生的，暂时不知道。但是，我想强调的是，所有证据都表明，给予爱最多的人在认知上得到的益处也会最大。

自我评估：你的大脑在恋爱吗？

这个问卷将帮助你评估你的爱是否够强烈，是否能够提高你的创造力。请标明你对这些陈述是"同意"、"赞成但不完全同意"、"勉强同意"还是"根本不同意"。

1. 我对某个人有很强烈的爱，我把所有的精力全部奉献给了这个人，全然不顾自己是在做什么。

  同意　　　　　　赞成但不完全同意

  勉强同意　　　　根本不同意

2. 我受到爱情的鼓舞，花时间去创作音乐、诗歌或者通过其他艺术表现形式来表达我的感情。

  同意　　　　　　赞成但不完全同意

  勉强同意　　　　根本不同意

3. 无论身处什么情境之中，爱情都让我幸福乐观。

  同意　　　　　　赞成但不完全同意

  勉强同意　　　　根本不同意

4. 为了对得起这份爱，我想尽力成为一个把一切事情都做到最好的人。

  同意　　　　　　赞成但不完全同意

  勉强同意　　　　根本不同意

5. 我是爱情常胜将军，所以我对所做的任何事情都有责任心和勇气。

  同意　　　　　　赞成但不完全同意

  勉强同意　　　　根本不同意

6. 我经常发现自己白天也会去想到爱情，还发现自己会把这些想法融入到其他工作中。

  同意　　　　　　赞成但不完全同意

  勉强同意　　　　根本不同意

7. 对我来说，音乐和爱情的体验一样重要。

　　同意　　　　　　　　赞成但不完全同意

　　勉强同意　　　　　　根本不同意

8. 我经常都记得爱情中的小细节，这加深了我对爱的需要。

　　同意　　　　　　　　赞成但不完全同意

　　勉强同意　　　　　　根本不同意

9. 为了捍卫爱情，我能勇敢地面对一切，哪怕是死亡。

　　同意　　　　　　　　赞成但不完全同意

　　勉强同意　　　　　　根本不同意

10. 为了爱情，我有理由更加努力地工作，学习更多的知识。

　　同意　　　　　　　　赞成但不完全同意

　　勉强同意　　　　　　根本不同意

11. 由于爱，我发现自己对生活中的问题更感兴趣了。

　　同意　　　　　　　　赞成但不完全同意

　　勉强同意　　　　　　根本不同意

12. 当我能向爱人表达自己的思想时，就能体验到最大的幸福。

　　同意　　　　　　　　赞成但不完全同意

　　勉强同意　　　　　　根本不同意

计　分：

每一个"同意"得3分，每一个"赞成但不完全同意"得2分，每一个"勉强同意"得1分，总分是0～36分，将你的得分情况与下面的说明进行比较：

得　分	说　明
30～36	你的爱情绝对是你大脑中的一种刺激因素，可以让大脑发挥出更大的创造力和认知力。
22～29	你的爱情具有一些力量，可以让你的创造力得到一定发挥，让你感觉更乐观。

14 ~ 21　　　　　　你的爱情可能会对你的创造力有用，但也可能为你带来一些压力。

8 ~ 13　　　　　　你的爱情对你的创造力和心理活动产生的影响很小。

0 ~ 7　　　　　　你或者没有爱情，或者你的爱情不是激发你的创造性或认知性能力的因素。

爱情能量的来源

爱情当然可以促成其他事情。"利比多"(libido)这个概念是最早的"爱情博士"弗洛伊德想出来的。他相信心理能量的主要来源是性欲。弗洛伊德把这种自然的和本能的力量源泉看成是生物最根本的生存手段，这种手段当然比大多数人认为的"战或逃反应"更有意思。

当然，有些人把性的推动力看成是裸猿身上"下流的"或者原始的部分。时至今日，在很多社会圈子里，公开谈论一个人的情欲和性需要仍然被看做是不文明的。在英国的维多利亚时代，如果一个女人公开谈论自己的性生活，可能会有被诊断为"歇斯底里症"的危险，甚至被关进疯人院。

的确，弗洛伊德从来就没有"治愈"过任何人的性欲，但这个事实好像并没有减弱他的理论的知名度。弗洛伊德的一个追随者的确还尝试过用科学方法证实弗洛伊德所从事的研究的正确性，而且还发现了一些有趣的东西。为了测试性器官的能量，威廉·赖克(Wilhelm Reich)在人体的所有部位接上电极，在他那些供试验用的人达到性高潮时测试他们身上的能量流动情况。他证实，"生命力"在身体里是以线性通道流动的，如果这些能量出现阻塞，人往往就会生病。这个观点与中国人关于疾病导致能量流动阻塞的医学观点非常相似。最令人感兴趣的发现是这种阻塞和相关的心理学特征之间的联系。据称，胃部能量流动受阻的人会出现相应的不安全感和害怕被遗弃之类的"问题"。专家们还相信，结肠和消化道有问题的人也有相应的困扰他们的心理问题。下图表明了与能量场阻塞有关的情绪在身体内的一般布局：

第 12 章 让爱创造奇迹
Smart Love

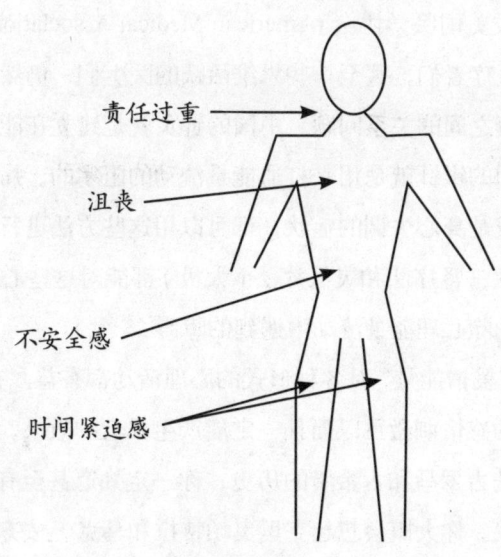

赖克博士后来又对这个问题产生了兴趣：这些阻塞是怎样影响癌症的呢？因为他认为肿瘤主要是由于愈合能量被阻塞而造成的。于是，他雄心勃勃地发明了那种大到病人可以坐在里面的"生命力箱子"(Orgone boxes)，还四处宣扬说，通过运用赖克理论上的能量过程，那些箱子能治愈 26 种晚期癌症。不幸的是，赖克的科学没有得到当权派的承认，他被捕了，罪名是他把他那些治病的箱子运送到各州去，而且他还被判犯有藐视法庭罪，因为他拒绝参加审判。他最终死在了监狱牢房——另一种不同的箱子里。

赖克博士并不是唯一对心理健康的"电能量"感兴趣的人。弗朗兹·安东·梅斯默 (Franz Anton Mesmer)，也就是发明"催眠"这个术语的人，觉得身体和心智都是能量魔力的基本通道。在他的催眠术演示中，他会让男人和女人面对面坐下，把他们的膝盖连起来，然后鼓励他们去感受两个人之间产生的强电流。可以想象一下，如果他让这些人像今天的青少年那样去跳"脏舞"(dirty dancing，也译做热舞、辣身舞。舞蹈动作火暴、热辣，迪厅领舞动作大多源于此种舞蹈。——译者注)，他们可能会做出些什么。

尽管早期涉足这个领域的人和科学家们进行了一些戏剧性的研究，现在仍然有很多人相信身体和大脑中的能量流动这种说法的正确性。尽管这没有受到传统医学或美国医学协会(American Medical Association)的认可,但有很多非传统的医疗者们,甚至一些思维活跃的医生们,仍然在继续探测能量流动与心理健康之间的关系问题。中国的针灸就是建立在能量流动的基础之上的。针灸所用的银针就是用来打通能量流动的阻塞的。痛苦、焦虑、沮丧和压力都被看成是身心失调的症状,都可以用这些方法进行治疗。事实已经证明,触摸疗法、肾疗法和灵气疗法(太极)都能对这些心理状态起到有效的改善作用,消除心理能量流动中遇到的障碍。

我所说的"爱情能量"对各种形式的心理活动都有益。有科学证据证实,爱情对一个人的感情刺激可以而且一定能产生强大的效果。如果你知道人类的历史,特别是古罗马和古希腊的历史,你一定知道甚至有国家为了爱情这样的真理而开战。你大概会想起克里奥帕特拉和马克·安东尼为了特洛伊的海伦而开战的故事。

爱让大脑"燃烧"

我相信,没人会怀疑浪漫爱情对大脑及其功能所产生的影响。人们并不会无缘无故地说一个人患"相思病"。我相信,聪明的猫头鹰也会注意到,春天发情的结果可能是"被冲昏头脑",至少迪斯尼的经典卡通片《小鹿斑比》(*Bambi*)中使用的就是这个术语。所以我们知道,害相思病是所有动物的本性,甚至在卡通片里都是如此。

真正的问题是怎样激发爱情的巨大能量。这是一个老生常谈的问题,但答案却十分复杂。我读过有关这个话题的一些著名的宗教观点,已经慢慢领会到爱情的精神益处。我特别钟爱基督教徒的这种信仰:上帝就是爱。

但是,怎样才能创造一个"恋爱中的"大脑,或者说同样愉悦的心理状态呢?当然,并不是必须有一个浪漫情人才能感受到爱情和亲密关系,但这的确有帮助!直接体验是最好的,但下面是其他一些能让你体验到"爱情关系"的方法。

1. **爱是一种选择**。你可以爱你想爱的任何人。我爱我的病人,爱他们给我讲述的那些真实故事，但我不会把这些想法说出来，不会让它们影响我的行为。我也不想让他们回报我的爱。我爱他们，因为和他们之间的联系与协作让我受益匪浅。

2. **你不必行动或对爱作出反应。**你可以以表现上帝之爱的方式去爱一个人，或者你可以爱他们的精神、他们的灵魂，但却不必让这些感情对你产生作用。原则是，当你的大脑激活爱的能力时，它有可能仅仅是为了让你感受到内心的喜悦。

3. **你可以通过想象感受到"恋爱中的"大脑。**在我母亲患额颞叶失智症期间，我去护理她，经历过当一名护理人员要面临的考验。我发现爱是永远不会消逝的，即使在我妈妈不再能表达她的爱的时候，她的爱也永远在我们的记忆之中。那种爱让我能继续把她当成那个在我小时候照料过我的女人看待。从这个方面看，爱的保存期限很长。就像歌里唱的那样："我们的记忆永存。"大脑很善良，不停地向我重播她的形象，我永远都能重播那些我自己亲身经历过的电影，它们和真实生活一样真切，它们就是我的生活，也是我母亲的生活。

4. **音乐和舞蹈能够刺激坠入爱河中的大脑。**音乐为大脑提供能够引发感情的听觉刺激。想象和音乐可以携手刺激与爱有关的情感。那些可以让爱的记忆重新浮现出来的老歌能够刺激大脑功能，特别是记忆功能。跳舞是对那些感情的一种身体提示物，特别是那些节拍更能激发我们最基本的本能。

5. **担当起爱的无私义务。**无疑，要维护爱的大脑的正常运转就必须承担义务。大多数婚姻中产生矛盾的根源都是不再为双方的幸福着想。如果你有账单要付，有孩子要照料，再加上日常生活中所有其他那些需要操心的事情，你很容易让这些琐事占上风。另外，我们大家在餐桌上、沙发上或者卧室里都会有一些令人讨厌的行为。有时，要重新建立那种"爱的感觉"，需要双方重新把对方的幸福看成共同的最重要的东西。作为一个婚姻顾问，我发现责任感的丧失不仅可能会导致两性关系的崩溃，还会造成双方心理力量的衰减。如果你的爱情消逝，你作出最佳决定的能力也会随之降低，在决定两性关系时尤其如此。你之所以会变得焦虑和沮丧，主要原因是缺乏给你的大脑注入活力的"爱情"源泉。

6. 快乐是一种选择。你不能改变你所遇到的事情,但你永远可以改变你对那些事情所作出的反应。小时候,我总是去向我父亲告状,说其他孩子欺负我,说我受到了多么不公正的对待。他通常会满怀同情地听我诉说十来分钟,然后,他就会说:"好啦,现在高兴起来吧。"这其实就是在告诉我,我有作出多种选择的权利,我可以选择一种更有益的态度。后来我学会了那样做。

的确,我们是我们自己情感的指挥官。每个人都有快乐的自由,甚至那些生活在贫困之中的人也可以选择一种爱的态度。从我们对快乐的研讨调查中可以看出,在对快乐感受的不同程度中,生活阶层和生活环境造成的区别并不大。富人并不比穷人快乐。关键是,当我们选择快乐和采取爱的态度时,我们的健康状况会得到好转,作出更好选择的能力会得到提高。

7. 爱需要勇气。虽然我可以用几个月的时间来赞美爱的益处,我知道仍然有些人不会相信我。如果你真的有精神信仰,接受有一个爱你的上帝这样的观点,这种信仰将让你每天都很高兴。但有些人不能接受这样的观点,他们不相信有人正是由于为他们自己才去爱他们的。当我在阿肯色大学(University of Arkansas)康复研究和训练中心担任主任时,我们进行过一次调查,调查人是怎样接受或拒绝无条件的积极关爱的。我们发现,在接受我们研究的数千人中,没有一个人愿意接受别人给予的无条件的爱。这太危险、太可怕了。除非他们从其他爱的环境中体验过这样的事,否则他们好像无法想象会有这样的事。我对此表示理解,因为我们的生活是在一个大人(父母)的世界里开始的,他们控制着我们的生活。如果我们做了不应该做的事,他们就会惩罚我们,说我们"坏"。从我们5岁开始,这个信息就很清楚:"如果你不压制自己所有天然的冲动和情感,你从本质上讲就是个坏孩子。"无条件地去爱别人是需要勇气的,因为你必须无条件地爱你自己。让自己的大脑保持中立会更容易,因为这可能会让你自欺欺人地认为自己是个好人,而且不会为那种感觉而惭愧。

8. 积极体验爱的感觉。为了知道自己的病人是乐观主义者还是悲观主义者，我对他们做了那个半杯空还是半杯满的测试。我让他们每个人列出每天将遇到的100件好事。我们总是设想我们选择去设想的事情。如果你愿意，你可以选择听不见鸟儿的歌唱，看不到云彩的形状，体会不到每个人内心都有的独特勇气。我对大多数人都心存敬畏，仅仅因为他们能应对每天面临的挑战。每个人都会遇到生命中某个人去世的不幸，每个人都必须作出重要的决定，每个人都必须作出牺牲，都必须克服困难。但是，我们仍然有力量去体验每一天的美好，去感受别人给我们的爱，因为正是这种爱给我们的大脑注入能量，给我们的生活带来了快乐。

9. **激励重新点燃爱的情感**。我不相信世界上各种宗教中心的存在只是信仰的象征。从最早的时代起，人类就通过仪式、庆祝活动和冥想追寻精神激励。大自然是另一个精神激励的"神庙"。大峡谷(The Grand Canyon)、约塞米蒂国家公园(Yosemite)、落基山脉(The Rockies)、马里布海滩(Malibu)、黑山(The Black Hills)及其他世界自然奇观都激励过一代又一代人。

延伸阅读

每天，男人和女人们以许多种方式找到激励力量，激活大脑爱的能力。人们在一种有创造性、精神性、充满别人的爱的新生活中再生。他们受到激励，树立新目标，并为实现这些目标找到新方法。那些经历过大起大落的人尤其令我感动。我认识的一些人虽然登上了成功的巅峰，但却经受不住名望带来的诱惑，不能节制自己。

令我最难忘的是一个我从中学时就认识的人。他当时19岁，非常害羞胆小，一直深感自己无用，一直在尽力摆脱那种苦恼。尽管他每天都挣扎着去接触别人，但他的不安全感是主要的障碍。我和他是在西得克萨斯认识的，但不是很熟。他后来成了巴迪霍利(Buddy Holly)乐队的贝斯吉他手，有一段时间才华横溢，但后来由于吸毒退出了该乐队。

　　具有讽刺意味的是，正是那种导致他堕落成瘾君子的才华最后又把他从毒潭中解救出来，让他回到了音乐天赋带给他的乐趣之中。他重新激活了对音乐的爱，大脑也作出了相应的反应。这个人开始认识到，音乐是他向别人表达爱的方式，可以让他的内心升华到一种爱的高度。当然，他有一些理解他的忠实朋友，如约翰尼·卡什(Johnny Cash)和威利·纳尔逊(Willie Nelson)，这对他有很大的帮助。在他重新站起来时，这些朋友们都乐意和他同台演出。这个人就是韦伦·詹宁斯(Waylon Jennings，20世纪70年代最有影响力的乡村歌手之一，与威利·纳尔逊一起发起了一场"亡命徒"运动，他们自己制作歌曲发行，力图回归到传统中去，打破了当时的乡村音乐商业化的制作模式。他们的歌曲开创了一个新的时代，把乡村音乐从死气沉沉中挽救了出来。——译者注)，最近他去世了，但他用音乐和心里的爱激励过这个世界——这一切都在无数人的心中激起过共鸣。

第 **13** 章

Raising a Family or a Nation to Full Potential

潜力绽放在有爱之家

THE IQ ANSWER

为"菲尔博士秀"这个节目工作有许多非常美妙的额外收获。知道我们能够在节目里和节目外帮助那么多的人，这种感觉特别令人满足。全国各地的人都给我们的网站发来电子邮件，希望有机会能上节目，但他们并不是为了在公众面前露脸（如果你看到过菲尔博士是怎样打击他们的，你一定会奇怪，为什么还会有人想要和他面对面接触），而是因为他们已经陷入了极大的困境中不能自拔，已经不顾一切。每个星期我们都会收到1.7万多个咨询案例，我们很难全部处理，但这些电子邮件和信件不会被忽视。我们会尽可能作出最多的答复。他们的故事感动着我们大家。

　　德洛雷斯(Delores，为了尊重隐私，这是一个杜撰的名字)的故事特别引人注目。她在绝望之中向我们寻求帮助。她的家庭正面临着崩溃的危险。德洛雷斯是一个被叔叔性虐待的牺牲品。当她叔叔说服她去和他的朋友们发生性关系时，她只有13岁。叔叔从她遭受的性虐待中获取报酬。毫不奇怪，德洛雷斯在15岁时怀孕了。她那个无耻的叔叔差点把她毒死，因为她暴露了被叔叔虐待的秘密。在长达6个星期的时间里，她都在死亡的边缘徘徊，孩子也流产了。对任何人来说，这都是一段可怕的经历。她心底埋藏着深深的仇恨，她要报仇。

　　因为自己受到过虐待，她感觉自己像一个"肮脏的妓女"。不幸的是，她18岁时又怀孕了。紧随其后的婚姻维持了18年，但没有爱。她的丈夫卡尔15岁时就是个十足的酒鬼，连十年级都没念完。他不仅在身体上虐待德洛雷斯，而且完全依赖德洛雷斯操持家庭，他和他们的3个孩子的生计也由德洛雷斯维持。你可能会说卡尔就是她叔叔的替代品，唯一不同的是，卡尔对性从来不感兴趣，除非是在喝醉酒的时候。

德洛雷斯经历过一些非常艰难的时刻。她来找我们，但不是为了解决她自己的问题，而是因为她那个 18 岁的儿子约瑟夫迫切需要帮助。

他 5 岁时就已经被诊断出患有注意力缺失症。学校已经让他退学，如果找不到医生来解决他的问题，学校就不让他重返校园。德洛雷斯的第 2 个孩子艾丽西亚是个漂亮的 5 岁小女孩。这个还在上幼儿园的小朋友缺乏安全感，她尿床，多数时间都得待在离家不远的地方，显然是个非常胆小的孩子，未来前景黯淡。她 2 岁的小儿子埃里克暂时还没有受到混乱的家庭环境的影响，但他妈妈已经习惯了接受最坏的打击，每天都在观察他身上出现的征兆。

德洛雷斯告诉我们，她把自己遇到的一切问题都归咎于叔叔和叔叔对她所造成伤害。来找我们时，她不停地谈到她所遭受过的性虐待，她已经被过去的肮脏经历毁了。卡尔刚开始时很阴郁，他期待医生诊治他自己遭遇的虐待和酗酒的问题。小时候，他父亲和叔叔醉酒之后发怒时会轮流殴打他，他 12 岁时就从家里逃了出来。他觉得如果自己读完了中学，也许能有机会摆脱过去的阴影。他想方设法自食其力了 3 年，但最后灰心丧气，完全放弃了努力。

这个家庭的确陷入了深深的困境之中。显然，父母正在重演他们被虐待的历史。如果这种状况持续下去，孩子们的遭遇肯定比父母更惨。这种循环可能延续几代人。尽管我们有各种诊治方法，但这仍然是一种挑战。我们没有让约瑟夫成为目标病人，而是为整个家庭制定了一个"方案"。值得赞扬的是，这家人用极大的勇气来迎接他们面临的挑战，并同意作出必要的改变，让他们那个正在向下延伸的螺旋转向。这不是一个容易的过程，而是很复杂，但我们的共同努力取得了非凡的结果，因为这家人承担起了挽救自己的重任。

德洛雷斯通过纠正饮食习惯迈出了重大的第一步。这有助于她保持清醒的头脑和清晰的思路。她建立起了一个养育者的新身份，她不再把自己的现在归咎于过去，她发现了控制自己命运的乐趣。

卡尔是最令我们吃惊的人，因为他承认了自己对失败的恐惧，承认自己把酗酒当成了一种自我药物治疗的形式。他很快就意识到自己可以成为一个英雄，而不是一个失败者。他参加了一项职业康复训练，接受了计算机分析培训。另外，他还获得了护理员证书，结果证明，这是一份需要综合运用各种技能的工作，他很快就步入了医院的管理层。

后来的事实证明，约瑟夫根本没有注意力缺失症，他只是焦虑程度高，在冲动控制方面有些问题。尽管他学习成绩不好，但智力测试的得分却很高。起初，这个孩子很警觉，但很快就对我们的工作人员友善起来，他还证明自己很有幽默感。约瑟夫显然是个聪明的孩子，还没有陷入那个几乎毁了他父母的绝望陷阱之中。

约瑟夫很快就学会了松弛和呼吸的技巧。我们还教他通过练习武术来训练注意力的集中。最后，我们还教他怎样用舒缓的音乐和回声装置让自己的心智和情绪镇静下来。当他开始喜欢上做家庭作业，甚至做得很好时，我们感到无比欣慰。

艾丽西亚也受到了焦虑的困扰，但我们对她的需要不是很清楚，因为她还没有掌握深度面谈和分析所需的语言技巧。不过，在辅导人员的帮助下，她也开始对治疗作出反应。最后，这个孩子学会了信任成年人。她开始接受帮助，摆脱恐惧，这是个重大的突破。

这是共同努力的结果，我们投入时间、训练和专业知识，这家人表现出极大的勇气和责任心。如果德洛雷斯没有作出这个戏剧性地改变自己和家人生活轨迹的选择，这些积极的改变就不会发生。通过这样做，父母都担起了责任，态度发生了巨大的转变。结果，他们把自己的孩子和子孙后代引上了一条充满更多更大希望的未来之路。通过这种努力，整个家庭重整旗鼓，建立起了互爱关系，而且都自豪地承担起了扭转家庭命运的责任。

家庭第一

在一个"不可战胜的"家庭中，每个成员都是一颗星星，每个成员都过着一种充满希望和激情的生活。每一位父母和孩子都能感受到其他家庭成员对自己的支持、关爱和养育。最重要的是，每个家庭成员都享有最大限度地发挥自己才能和利用自己机会的自由和资源。家长的责任就是为孩子们和自己创造一个这样的环境。

今天，要建立和维护一个家庭，需要的不仅仅是好的意图和使命感。父母往往不得不认识到第一个挑战是什么。如果他们不首先解决自己的问题，那么，他们自己在功能失调家庭中的经历可能会让他们无法胜任父母的职责。菲尔博士在创作他的书《家庭第一》(Family First)时，曾邀请我充当他的顾问，我们所做的第一件事就是回顾父母们提交到他网站上的问题。大约浏览了两万条父母们的咨询问题后，我目瞪口呆。超过半数的人表明他们不知道应该怎样应对孩子的问题和需要。这些父母好像都站在悬崖边缘，随时准备着在出现问题时跳下去。

家庭观念显然已经随着家庭价值观的改变而改变。家庭成员之间的关系已经绷紧到快要断裂的程度，或者已经断裂。"家是心灵的归属"已经变成"家是心灵伤害开始的地方"。父母都是上班族，孩子们没有自己的时间，人人都忙得连吃饭时也在小步跑。周末每个人都在四处飞，还要看电视，玩电子游戏，进行汽车维护。预算本来就小，还要支付房款，这一切造就了一种新型家庭：压力家庭。

在今天典型的功能失调家庭中，父母不仅没有计划，而且根本毫无头绪。大多数来向我求助的人遇到的都不是从地面零点开始的问题。我们是从一个很深的洞里开始前进，试图爬向地面上的起点。来自功能失调家庭的父母数目惊人，他们没有榜样，不知道从哪里去学习恰当的养育方式。父爱和母爱的本能事实上已经灭绝了。

今天的家庭过多地把注意力集中在家庭成员的弱点上，而不是集中在家庭的力量上。责怪游戏是父母最新的陷阱。他们总是为自己的孩子在学业、和身体健康上的失败辩护。当然，最后的结果就是自责。如果一个孩子被诊断出患有注意力缺失症，父母往往立即内省，回忆起自己面临过的注意力不能够长时间集中的挑战。于是，他们把孩子的注意力缺失症归咎于自己。

无论是自己强加的，还是被外界那些太喜欢责怪别人的人灌输的，责怪都是没有治愈能力的。正视问题是另一剂预防失败的处方药。我告诉那些父母们，如果他们真的想挽救自己的家庭，让它走上一条更有希望的轨道，他们首先必须作出决定，停止往后视镜中看。往后看的时候是不能向前走的，否则撞车在所难免。如果你想继续被困在那个困境中，可以试试这些方法：

1. 把自己的家庭与另一个街区或者电视上的"完美家庭"进行比较。实际上并没有完美家庭，只有不可战胜的家庭。你也可以成为其中的一员，但它们无论如何都称不上完美。

2. 找到一个你认为有完美家庭的人，然后嫉妒他或她。假设他们没有任何问题，为自己的不幸痛苦去吧！任何人都要面临挑战。

3. 选择一个超级英雄，比如运动员、电影明星或者富翁，并去对比你自己的生活。你一定会责骂自己没取得像他们那么大的成就。

4. 如果你有任何生理或情感问题，比如注意力问题或者焦虑，那就把自己的所有失败都归罪于这些缺陷。

5. 不惜一切代价限制自己去享受快乐和幸福。

好啦，我是在跟你开玩笑。我不相信你想往阴暗面走。不然的话，你就不会拿起这本书，更不会读这么久了。

我从来没见过一个不想让自己的孩子和家人过上幸福生活的父母。大多数父母都为孩子作出了很大的牺牲，其中大部分都是以物质形式体现出来的。父母不应该觉得自己有义务去满足那些不可能实现的期望，因为那是商家们为了追求利润而刺激孩子产生那种期望的。每个家庭都应该把自己的期望建立在家庭价值观和准则的基础上，而不是物质需要或社会地位的基础上。

自我评估：你拥有不可战胜的家庭吗？

如果你想建立一个不可战胜的家庭，你需要先评价一下自己现在所处的状况。下面就是评估工具。请阅读下列陈述，并确定它们"总是""有时""很少"或"从不"是你的行为和态度。

1. 我总认为只要我让孩子们自由地做他们需要做的事，就能培养起他们积极的自我形象。

   总是　　有时　　很少　　从不

2. 我小时候遭受过虐待和心理创伤，有心理疾病，不可能成为一个不可战胜的父母。

   总是　　有时　　很少　　从不

3. 现在，我不得不谋生，而且还承担起了其他责任，这使我把家庭摆在了第二位。也许以后会有所不同。

   总是　　有时　　很少　　从不

4. 我发现我的大部分时间都花在纠正孩子的错误和对孩子说"不"上，因为他们的举止总是不恰当。

   总是　　有时　　很少　　从不

5. 我没有家庭目标，因为我只是在尽力一天天没有痛苦地过下去。

   总是　　有时　　很少　　从不

6. 我知道我的家人的全部优点，但我不知道他们的弱点何在。

   总是　　有时　　很少　　从不

7. 生活压力太大，我暂时不能考虑为建立一个关系更加紧密的家庭而采取积极的措施。

   总是　　有时　　很少　　从不

8. 我想，我的孩子们和我的配偶常常在想我是个多么糟糕的父(母)亲，他们甚至会恨我。

   总是　　有时　　很少　　从不

9. 我们虽然是一家人，却没有可以经常分享、可以作为家庭荣誉的故事。
   总是　　　有时　　　很少　　　从不

10. 我不能从家人那里得到想要的尊重，我想要别人知道我是正确的。
    总是　　　有时　　　很少　　　从不

11. 我把大声叫喊当做强调纪律和行为的主要方法。
    总是　　　有时　　　很少　　　从不

12. 只要孩子们尊重别人，不惹麻烦，我就不去管他们在做什么。
    总是　　　有时　　　很少　　　从不

13. 当我为家人作出牺牲却得不到他们的感谢时，我心里就有怨气。
    总是　　　有时　　　很少　　　从不

14. 为了家人，我的行为像是个英雄。
    总是　　　有时　　　很少　　　从不

15. 我没有应对危机的计划。
    总是　　　有时　　　很少　　　从不

计　分：

每个"总是"得3分，每个"有时"得2分，每个"很少"得1分，总分在0～45分之间，请将你的得分情况和下面的说明进行比较。

总　分	说　明
38～45	这个分数表明你的家庭位于一个下旋的螺旋上。关键是你必须马上停步，扭转方向，并开始激发家人的潜力。
28～37	这个分数表明你的家庭缺乏计划，不知道怎样去鼓舞激发家人的力量并向前走。是时候了，找到解决办法，向着新的方向前进。
20～27	这个分数表明你的家庭缺乏计划，不知道怎样通过克服自我强加的缺陷去取得更大的成就。

10～19	这个分数表明你的家庭处于困惑之中，不知道怎样制定一个对所有家庭成员有益的积极家庭计划。下一步是开始认识彼此的能力和潜力。
0～9	这个分数表明你的家庭成员之间已经建立起了牢不可破的关系。

评价自己的回答，根据分数看看自己的家庭正在向着什么方向前进。基本原则是：如果你想要创建一个不可战胜的家庭，改变你们的生活方向，你需要制定一个计划；如果总是反复做相同的事情，你就不会得到新的更好的结果。所以，改变方向的时候到了。要想让每一个家庭成员同意你的新计划，可能会遇到一些困难。但是，如果你必须不顾他们的踢打和喊叫，把他们拽进更好的生活，那也是你的工作。没人说过当成年人是件轻松的事。所以，成长吧，站起来，前进！

三步法创建不可战胜的家庭

所幸的是，我已经带你走过了创建不可战胜的家庭的步骤。我们已经了解了怎样进行大脑排毒、消除心理障碍和激发创造力，对于一个家庭命运的重生和扭转过程，这些都是非常重要的。

步骤1　重新启动大脑

让机会减少和作出错误选择的原因都与大脑的受阻有关。无论是由于生理还是心理创伤造成的，大脑对极端痛苦的反应方式都是关闭。大脑是不容易恢复生命力的，许多时候，它需要重新启动。

大脑关闭的时候，内部的互相联络开始停止，某些脑细胞进入冬眠状态。你大脑冬眠的时间越长，让它苏醒过来所需要的刺激就越多。为了让自己家人大脑的所有功能运转正常，可能有必要制定健康的饮食计划，我推荐高蛋白质的食谱。通过锻炼来刺激这个系统也是很好的方式。能鼓舞全家人士气的音乐是另一种了不起的鼓舞和推动力量。致力于精神修炼的家庭也能迈出积极的步伐。

家庭游戏，而不是电子游戏，是一种把所有人聚集起来的好方法。欢笑和友谊比赛都是治愈创伤的工具。我推荐开卷形式的拼字游戏，因为它能帮助我们增加有限的词汇量，同时也需要运用策略。

家庭仪式可以增强家人之间的相互尊重，创造一种社会节奏。如果你能规定固定的会议时间，为那些需要特别帮助和考虑的人提供支持，收到的效果会特别显著。在融洽和谐、充满爱意的环境中，每个人的大脑都能发挥出更好的功能。

我鼓励你衡量每个人的进步。为了能够庆祝所取得的成绩，你需要设立一个目标。如果某位家庭成员学会了一首新歌，或者掌握了乘法表，你应该把这当成一件家庭大事，以便鼓励他们取得更大的进步。如果某位家庭成员通过了一门功课的考试，或者解决了一个问题，也应该进行庆祝。

步骤2　清除心理障碍

在你的大脑已经挂上最高挡位，你能再次作出有益的选择后，让自己把全部愧疚的包袱统统清理掉。现在不是回顾过去的时候，把注意力集中到未来，感受快乐、自由和乐观的时候到了。无论怎样夸大这样做的必要也不过分。有过滥用药物历史的人报告说，在他们能够展望未来、采取有益的行动之前，他们的大脑必须"饥渴"一段时间。那些接受过注意力缺失症或抑郁症药物治疗的孩子们也是如此，在他们的大脑恢复到更自然的平衡状态之前，也需要一段"排除"药物的时间，因为这些药物麻木了他们的感觉和感情。如果约翰尼从12岁起就开始服用抗抑郁药物，那么，在断药之后，他的情绪会在一段时间内恢复到12岁时的状态。当然，孩子接受药物治疗的问题很复杂。药物可能是一种很了不起的治疗工具，但这通常只是不完整的答案。我的座右铭是"缺乏技巧的药物滥用会导致将来的危机"，这已经得到我自己的临床经验和其他研究的佐证。的确，药物治疗能够发挥重要的作用，特别是在一个孩子迫切需要帮助的关键时刻，但要等到把孩子弥补缺陷的技巧培养起来之后，工作才算完成。

为了表示新的开始，可以互相取一些新的、有感染力的昵称，这可能会有所帮助。在许多文明中，当一个人成人时，都会举行重新命名的仪式，这种情况很常见。在有些北美印第安部落里，改变名字的成长仪式多达7种。在美国，女人常常在结婚的时候改名字。我记得自己身上一次重要的变化发生在我第一次被别人称为"医生"的时候。军队中利用军衔来区分级别。为了庆祝家庭成员有勇气和力量改变自己的生活，使之向更好的方向发展，可以给这个人取一个新的昵称，以此作为给这个成员的荣誉，这不失为一种很好的家庭传统。

通过家庭仪式把我们的弱点带来的负担统统清除掉，这也很有价值。我们可以撕掉那些粘贴在我们身上的标志，并在这个过程中把它们带来的愧疚一并抛掉。这一点对于那种犯过禁忌，比如乱伦或者谋杀的人来说尤其重要。曾经辜负过家人信任的人需要得到宽恕，然后才有可能继续前进。

步骤3 提高在社会关系和生活规划中的创造力

在大脑进入高速运转、心理障碍被清除后，我们迎来了新的开始。我们应该培养更牢固的人际关系、更坚定的信任、更深厚的爱情，进行真正的宽恕。父母在这个阶段的表现应该被看做英明的长者，并得到应有的尊重。这就是一个人的心路历程，是光明的源泉和子孙后代的种子。为了你的孩子和他们的孩子以及你们子孙后代的利益，你能够改变生活轨迹，你能够做到先辈们由于没有得到更好的教养而没能做到的事情。

重建受创的国家

家庭仪式和家庭的赎救是一回事。但是，如果整个国家都遭受了凌辱、腐败又该怎么办？战争是解决政治恐怖和争斗的办法吗？作为一个乐观主义者，我相信国家的创伤能够被治愈，而且再也不会流更多的血。想想下面的情况。

想象一下，如果你愿意两个孩子——托马斯和弗兰，他们手拉着手，正与其他几十个孩子一起坐在一个小房间里，同时有两个女人正在忙着给这些孩子找个睡觉的地方。托马斯12岁，他正茫然地抬头凝望着某个地方，忍受着头上那个大肿块带来的痛苦。之前，一些士兵闯入他的家，当着孩子们的面把他们的父母杀害了，还要强奸他的妹妹弗兰，托马斯奋不顾身地去保护妹妹，却被打昏了过去。弗兰10岁，此刻已经把头靠在哥哥肩膀上睡着了。他们已经在房间里等了3个小时，弗兰大多数时间都抱着她血迹斑斑的裙子在哭，但最后疲惫终于战胜了恐惧。我们知道，当他们最后终于回到学校时，他们仍将继续与那些会阻碍他们集中注意力的意象作斗争。沮丧和恐惧的毒素已经让他们心智麻木，让他们感受到自己是失败者，这将进一步降低他们的自我认识。

事实上，10年之后，这两个孩子可能会向他们的敌人做出同样恐怖的事情，这个循环将继续下去。创伤会在大脑中造成混乱，并让大脑关闭。一旦这样的事情发生，我们的心智就会停止成长，我们会形成破坏性的看法，且失去能力，很容易成为专制领导攻击的目标。如果你到监狱里去走一趟，你将看到那些人的大脑对爱和支持几乎没有反应。由于缺乏营养，他们的大脑已经变得如此虚弱，几乎丧失了恢复正常的能力。

我了解托马斯和弗兰的感受，因为我看到过战争对家庭和个人造成的影响。我知道，如采取正确的方法，康复治疗可以起到作用。这需要3个步骤：

1. 重新给大脑充电
2. 清除情绪障碍，增加动力
3. 激活创造力，打开通往新机会的大门

我把这3个步骤命名为"复兴地平线2012项目"(The Renaissance

Horizon 2012 Project)。我的计划已经成为激励和希望的重要源泉,已经被推荐给许多处于混乱之中的国家,如伊拉克、阿富汗和非洲的一些国家。这是一种真正的使命,让世界释放出人类的精神潜力,而不是让失败的组成部分——仇恨和暴力的恶性循环无休止地重复。

创造力决定未来

认知能力的提高和情绪成熟度的增加是令人满意的,而真正的益处是创建一个追求为大众谋利的创新观念的新国家。和个人一样,每个国家都有自己独特的需要,每种文化都不同,把不同的文化结合起来,这能让人们发挥出巨大的才能。另一方面,这些不同的观点也可能成为引起冲突的因素,但理性的相互交换取决于我们怎样进化。当然,在美国成立的时候,托马斯·杰斐逊和亚历山大·汉密尔顿之间的冲突发展到白热化程度,但他们的解决方法就是造就了一个国家。

正如我们在前一章中讨论过的那样,进入阶段是一个研究和争论问题的过程。每个人都去考虑与计划和含意的阐述相关的每种联系。为了强调需要优先考虑的问题,容许出现情绪激动,而且常常还能得到增援。我偶尔会以专家证言的形式征求公众意见,而且也会去征求顾问们的意见。

孵化阶段可以根据实际情况延长。有时,这个过程伴随着祈祷和冥想,让自己去体验一种精神观念。政治压力当然可以影响决定,通常都需要进行慎重考虑。偶尔,公共部门会采用信件和其他的沟通方式,以便让人们发表自己的思想和感受。

第3个步骤是考虑阐述的结果、问题和挑战,并作出具体的结论,以此作为潜在的创造性指导方针和社会问题的解决办法。得出的结论会被记录下来,在集体智慧的作用下,计划被付诸实践。选票被发下去,传播手段被设计出来,以便圆满完成这个创造性的过程。机构可能被建立起来,委员会可能被选举出来,队员可能被指定下来,一个人可能得到指导去实现一个或更多的创造性建议。

评价阶段可能以多种形式出现，但只要有了一个创造性的政府，所有的努力都会成功。我们能够并且已经废除了失效的法律。我们能够对规划进行修正，让它收到更好的效果。我们能够重新设计那些不再被人们需要的计划，或者为它们设立一个很大的目标。这种持续的评价能让政府改变自己，去适应新的需要。对变化不敏感的国家或者缺乏创造力的国家只会自取灭亡，这是历史教训。

延伸阅读

　　本章介绍了广泛的观念，讨论了一个非常积极的话题。我并不是在冒充自己懂得政治的秘密，但我的确知道，不理性的方法对家庭和国家都没有好处。希特勒可能鼓舞过自己的国家去争取新的繁荣和势力，但他的政策导致的后果有力地证明了：建立在恐怖和不理性基础之上的政府会在自己的腐败核心里自取灭亡。

　　作为宇宙的孩子，地球上大多数人都相信，我们生活在这个意识王国里是有目的的。那个目的可能仅仅是作为一个物种生存下去，但我的信心建立在更有希望的进化上。我相信，我们存在的目的是为了给后人创造一个更好的世界。我们必须愿意为了更和平、更友爱的生活作出牺牲。为了让我们生活在一个更加美好的世界里，许多士兵献出了生命，他们的行为是光荣的。通向这个想象中的世界的道路也许已经由比我更伟大的思想家们指引出来了。但是，如果有人已经找到了这些道路，这本书将永远没有必要撰写出来，也没人会需要它了。

　　我是个乐观的人，真正相信我们正站在一个新世界的顶峰。关于大脑、心脏和灵魂的科学将陆续出现，形成一个愈合过程，我们将在这个过程中作为更优秀的人类脱颖而出。经历了本书介绍的过程之后，我们每个人都能够得到而不是失去生命力。当我们集体的自我发现和创造力互相结合起来时,世界就真的有可能运用战争和动乱来找到一个能够体验到的更高的心理治疗平面。我们已经看到对飓风受害者的各种倾心奉献是怎样增强我们大家的信心的。我们已经看到领导人物的勇气是怎样鼓舞我们变得更有同情心的。我们每个人都能成为新时代的英雄。我们的时代是这样一个时代,我们可以学着成为比自己想象中更伟大的人。进入另一个层面,在这个全新的层面里,我们将更接近上帝希望我们成为的人。

后 记

打破智力的界限

  如果要探讨如何提高认知能力的内容和练习，那我可能得继续写上三四卷，但我就此停笔，因为这些都是我经过多年研究之后可以向你推荐的最有效的活动。现在有，将来也会有可以从某种程度上提高认知功能的药物，而且它们无疑都会有效。有朝一日，每个人的大脑，包括我自己的，都将在一生中发挥出百分之百的功能，我期待着那一天的到来。我关心的是，当你开始由于某些原因而摄入外界物质时，你一定要十分确信自己希望它起到什么作用，但你注定会吃惊的，因为可能会出现一些你不希望得到的结果。

  秘诀在于平衡。比如，今天有些药物可以加强你的记忆，但有些事情是我不想记住的。我不想记住我在橄榄球比赛中4次摔破鼻子时的痛苦，我不想记住爸爸的生意失败时我在他脸上看到的沮丧。你的大脑有能力决定你需要记住什么，忘记什么。这种能力就是母亲在产后几个小时内就能忘记生产的痛苦的自然方法。实际上，电击是治疗抑郁最有效的方式之一，这种方法可以破坏记忆。

  为了生活下去，你需要什么样的记忆和信息，这也是个神秘的问题。如果你活到75岁，你将生活了 2 366 820 000 秒，但我们中的大多数人都选择以大约 60 秒为一个单位来累计我们生活中的关键部分，并这样去理解我们的历史和行为。把每秒都记住会有什么意义吗？

幸好，根据智力研究人员利用一种有限的测试方法得出的结论，作为一个物种，我们每10年都在变得更聪明。但我不知道我们能怎样才能测量我们祖先的智力，怎样去衡量他们在创造巨大的文化时所取得的成就。罗马人、希腊人和埃及人当然是令人惊异的管道系统、建筑和道路的建造者，他们的武器也是天才的产物。我们的技术已经得到发展，所以，我们可以毁灭更多的财产，给更多的人提供方便。但是，我们仍然在遵循那些伟大的、受到神灵启示的祖先们为我们留下的精神文献和宗教教义，并用它们指导我们今天的生活。

本书的附录其实提出了一个问题：人类的智力界限是什么，特别是你的智力界限是什么？我其实并不期望得到任何答案，因为无论你在什么时候给出答案，无论答案是多么理智还是多么荒谬，都有界限。在你宣布自己将走到多远的时候，你实际上就是在为自己设置界限。

我敢肯定你是带着某种目的来阅读这本书的，而且相信实现目标是成功的标志，这让你有信心，特别是当这些目标对你的进步来讲是合理的时候，你会更加有信心。然而，山外有山，人外有人，总是有另一个可以达到的更高层面。在同样的测量标准中，这个更高的界限可能不会被标注出来。

那些表演惊人特技的人总是给我留下深刻的印象，他们在生活中总是向着前面的某个方向前进。与之形成鲜明对比的是，有的人却还坐在椅子上，试图去重新找回中学时光，因为那时他是明星。那个人实现了自己的目标，并停止了追求。当你停止追求时，你的整个身体和大脑也停止了追求。

根据门萨协会的天才儿童协调者德博拉·鲁夫(Deborah Ruf)博士的研究，那些能够发挥自己智力和创造力天赋的人有10大特点：

1. 对世界有独特的见解，幽默感强，非常慷慨
2. 对他人的感觉敏锐
3. 热衷于无私的奉献
4. 在许多感兴趣的领域有多种潜能
5. 有很高的品德追求
6. 权利意识低，责任感强
7. 有很高的自我实现需求
8. 自主性强
9. 非常倾向于找出不公正的地方
10. 尊重所有人

如果你浏览一下这张清单，难道还看不出为什么你想要这种人生活在身边吗？通过让你的大脑发挥出最大的效率，你就能发挥才能。也许我把这个概念说得太简单了，但我觉得这是我对自己的职责，对你的家人的职责，对上帝的职责，对你的职责，以便让你尊重自己的个人成长经历，特别是在认知方面。我还没有遇到过没有智慧或知识的人，如果你不是你，我也就不是我了。我相信每个人在这个地球上都有一种命运，或者是成为杰出人物，或者在芸芸众生中去支持别人。

我最初爱上心理学时就选择了康复专业。我热爱那些为了实现自己的目标而在生活中战胜过重大挑战的人，我热爱他们的勇气。他们是我的英雄，因为他们丰富了我的生活。无论你患了癌症、糖尿病、抑郁症、注意力缺失症，还是面临其他任何挑战，你都可以谱写一个故事，这对你和我们其他人都是一种幸福。你

不是病患者，你是一个有着惊人的能量和力气的人，请不要躲藏在自己的缺陷背后。

我在本书中介绍的这些观念和行为步骤不仅仅是用于实现短期目标的，比如通过考试或者一夜成名。我向你提供这些建议的目的是为了让你去发现你内心的真我和宝贵的灵魂。真希望我能有机会当面告诉你，你在这个故事中扮演着多么重要的角色。

我的梦想是把每个人的生活记录下来，并把我们每个人所讲的故事中最精彩、最有力量的部分提炼出来。真是太遗憾了，我从来没见过我的曾祖父，他曾经参加过南北战争，后来成了一名牧师。不过，他有本日记，把自己的生活故事都记载下来了。但我永远不知道他的女儿为什么会自杀，由于在东方之星（Eastern Star）组织中的慈善工作，她成了一个传奇人物。我也不知道为什么在我出生之前我的大伯父会被三K党杀害。在我的祖辈身上发生过那么多了不起的英勇故事，可惜我们却永远不会知道了。

你的生活是重要的，你寻找真我的历程将是令人激动的。利用这些技巧，让你为了自己和你的家人而成为自己能成为的一切积极因素吧，因为你是某种比你自己更伟大的东西的一部分。你的大脑将扩张，让你有能力找到自己的梦想，找到你获得快乐和成功需要学习的东西。我向你保证，具备这些技巧之后，你将过上丰富多彩的生活，无论你对丰富多彩的定义是怎样的，你现在都已经拥有了找到它的工具。

就像我父亲对我说过的那样："去成为那个上帝相信你能够成为的人吧！"

附 录

有助睡眠的技巧

对你的第一个要求是在生理和心理上进入一种状态，在这种状态中，你可以把全部注意力集中在松弛上——没有电话、传真和外界干扰来分散你的注意力。如果发生什么事情，你可以把那些事情用来加深你对松弛的集中程度。一定要处于一种可以释放出所有紧张但又不会跌倒或者需要太多支撑力的姿势。

开始把注意力集中在呼吸上，不是粗重地呼吸或者严格控制呼吸，只需意识到自己的呼吸方式即可。你现在需要做的所有事情就是注意自己的呼吸，确保吸气是通过鼻孔进行，但允许让吸入的空气从鼻孔或嘴巴离开你的身体。只需用你自然的方式呼吸即可，不用对自己的表现提出批评或进行辩护，只需呼吸，并把注意力集中到呼吸上即可。

现在，开始让身体里的紧张随着呼出的气体消散。只需让紧张随着呼出的气息往外走即可。在你感觉到紧张开始离开时，轻轻闭上眼睛，让呼吸为你放松和减压。不要试图仓促地结束这个过程，要留出足够的时间，这样你才会开始感觉到放松。

允许身体随着每一次呼吸变得越来越放松，总是把注意力集中在呼吸上。如果有任何想法或焦虑进入你的内心，只需让它通过吸气飞进去，并随着呼气离开。花一些时间来只把注意力集中在呼吸上，让自己的心灵一片空白，将所有的思绪抹去。

现在，把注意力集中在两只脚上，通过呼吸放松它们。用呼气的力量清洗你的脚，打开关节、骨头和肌肉之间的空间。当血液开始更畅通地循环时，感觉到温暖，只把注意力集中到双脚和呼吸上。

现在，把注意力集中到下腿、小腿肚肌肉上，放松这些组织。把你的紧张呼出去，进一步放松。感觉血液越来越通畅地从那些下腿肌肉向双脚流动。

现在，把注意力集中到上腿肌肉、大腿和腿筋上，轻轻地随着呼吸松弛它们。你的双腿变得越来越放松，你在帮助血液循环和清洗腿部肌肉，只需呼吸和放松即可。

现在，把注意力集中到臀部肌肉、骨盆和隐藏在身体内部的器官上。通过这个区域进行呼吸，并放松每个部位。这往往是我们感觉到恐惧所在的地方。如果是这样，把那种感觉呼出去，用安全感代替它。如果这是你应对压力的方法，把这个区域的压力呼出去，每次呼气时释放一点。

现在，把注意力集中到胸部。这就是爱和感情所在的区域，同时也是我们最能感觉到拒绝和批评的区域。把那些消极感受呼出去，把自爱和养育的美好感情吸进来。通过吸气呼气，你能够净化对自己的深切感受。呼吸，并感觉越来越好。

现在，把注意力集中到双肩和双臂，这是你由于承担的责任和要达到的要求而常常感到最紧张的部位。把那些你对自己的要求释放出去。进一步放松这些部位。现在，让自己随着身体通过颈部进入头部。放松，并通过下巴的肌肉呼吸，进一步松弛它们。告诉自己放松那些你常常用于抑制愤怒的肌肉，松弛那些你感到害怕时收紧的肌肉。随着呼吸放松。

现在，允许整个身体开始一起放松。通过整个身体进行呼吸，允许它从头到脚有同一种感觉。通过整个身体进行呼吸，允许每一块肌肉变得越来越松弛。如果还有一个部位处于紧张状态，把注意力集中到那个部位，通过它进行呼吸，并放松。

　　进入越来越深层的松弛状态，抛开一切。允许自己漂浮起来，悬浮在自己的焦虑之上。保持将注意力集中在呼吸上。放松……放松……

致　谢

从本书的构思到印刷出版，菲尔·麦格劳（菲尔博士）所做的贡献非常大，我感激不尽。我们之间的亲密关系建立在超过35年合作的基础之上。在我们合作过的许多难忘的项目中，我们必须把自己的职业生涯托付于对方诚实正直的品格，把对方看做朋友和同事。他总是给予我最真诚的支持，我所取得的成功都源于他的慷慨和鼓励。这本书只是我们共同努力的最新成果。在这本书中，我们共同承担起利用重要的信息为公众服务的任务，这些信息具有改变人们生活的潜力。

我的文稿代理人和朋友简·米勒(Jan Miller)具有深邃的洞察力和独到的建议，他是我最重要的导师。作为作家和老师，他和我的代理商香农·迈泽-马文(Shannon Miser-Marven)在我的职业发展中尽职地工作。如果没有他们，我将会迷失在复杂的出版行业中。

玛吉·鲁宾逊(Maggie Robinson)博士是保健类图书的实力派作家，她总是会热情洋溢地与我讨论一些想法和观点，并向我提出充满爱心的批评。对于我试图把自己不成熟的想法变成成熟可用的观点的努力，她的评价是很中肯的。我对我们之间的关系表示感激。

负责本书幕后文字工作的天才是韦斯·史密斯(Wes Smith)，他是一个十足的智多星，总是能找出我书中那些不得体的句子，并把它们修改得通俗易懂。他的才智和专业知识是我试图与读者分享这些边缘想法的福祉。

我要特别感谢美国门萨协会(American Mensa)和计算机辅助工程师帕姆·多纳霍(Pam Donahoo)，感谢我们在过去3年里真诚的合作。在我对人类智力的专业兴趣萌发的过程中，门萨协会的指导心理学家的身份起到了重要的作用。另一方面，我与这个组织结成了一种亲密的关系，在我的个人生活中，我十分珍视这种关系。

我还要感谢我的妹妹和终生最好的朋友南希·奥斯汀(Nancy Austin)，她不仅以38年学校顾问和教师的经验批阅了我的手稿，认真评价了书中的内容，而且总是给予我无尽的爱。在我个人和职业生活中扮演着重要的多重角色的还有我的合伙人——劳利斯 & 皮威心理改变中心的执行总裁芭芭拉·皮威(Barbara Peavey)博士。皮威博士非常支持我写这本书，对这本书里所阐述的观点进行了创造性的应用，使这些观点变得更真切、更实用。

译者的话

周 鹰 曾筱岚

弗兰克·劳利斯博士是著名的心理学家、研究者和顾问，具有近40年与家庭合作的经验。他是劳利斯&皮威心理改变中心的共同创办人，并且被美国心理协会任命为特别会员。劳利斯博士也是"菲尔博士秀"这个节目的首席顾问。

每年大概有1 700万个孩子被诊断为注意力缺失症患者。对于很多家庭来说，这个诊断结果是一次漫长而又让人泄气的旅程的开端。父母们想方设法寻求针对这种失调症的药物治疗方法。然而，药物疗法对很多孩子并不起什么作用，或者不会起长期的作用。因此，父母们常常感到很无助，只得继续去寻找其他解决办法。在2004年出版的《注意力缺失症解答》这本畅销书中，弗兰克·劳利斯博士利用他近40年临床心理研究学的经验，给父母们提供了很多通常推荐的万用创新治疗方法，让父母们重新掌握了孩子健康的主动权。劳利斯博士利用全面的、一步接一步的建议、问卷调查表和行动计划，教父母们如何确定孩子的缺陷和特别的需要，并概述了公认确实可以改善大脑功能的治疗方法。他的个性化方法把最新的医学、营养和心理治疗方法，以及他对孩子和家庭所需的情感和精神支持的真知灼见结合起来。这本书的主要内容包括：营养的作用、环境改变和生物清洁、生物反馈疗法和神经疗法方面的进展、咨询和确定目标的积极作用等等。

《注意力缺失症解答》出版之后，很多患有注意力缺失症的孩子的父母以及那些深受集中注意力问题困扰的成年人都写信给劳利斯博士，表达了他们的感谢和希望。同时还有很多人写信询问其他问题，如怎样减轻沮丧和焦虑，如何治疗强迫症等。每年，被诊断为患有注意力缺失症和其他学习障碍的孩子都会新增加数百万，父母们拼命地寻找解决这种令人沮丧的问题的方法。为了满足这一迫切需要，劳利斯博士又写了《快准狠提升你的IQ》这本书。本书的出版就像下了一场及时雨，受到读者的热烈欢迎。2006年9月初版，2007年8月第二版已经问世。

《快准狠提升你的IQ》是劳利斯博士多年临床研究和身心训练计划的结果。本书的前提就令人兴奋和鼓舞："你的身体有生理限制，但你的大脑可以大大超越你想象中可能的极限。"如果读者既想提高自己的创造力和解决问题的能力，也想在智商测试中得高分，那么，你将在本书中找到许多可以借鉴的东西，不仅有案例，也有科学依据。在这本书中，劳利斯博士探讨了如何增强人类大脑能量这个广泛领域的每个方面，他引用了许多研究成果。一些有争议的观点，如利用"螯合作用"为大脑排毒和"情绪能量营养计划"等，被巧妙地融合到他的治疗方法中。劳利斯博士用他的13步法为读者提供了一个清楚明了、易于实施的战略，教我们怎样去征服妨碍我们成功的思维模式。劳利斯博士还以自己以前的病人为案例说明了这些简单的技巧是怎样改变人们的生活的。本书主要内容：环境毒素的负面影响、大脑排毒、呼吸练习、营养建议、睡眠的恢复功能、人际交往的力量等。

这是一本鼓舞人心、易于使用、能最大限度地提高潜力的指南。在劳利斯博士的帮助下，任何一个曾经遭遇过顽固心理阻碍困扰的成人都能学会超越这些障碍，创造性地解决生活中遇到的任何问题。

劳利斯博士在书中还经常提到菲尔博士，这可能会让一些读者在阅读过程中感觉到一些令人振作的变化，但其他读者可能会希望对一些有争议的问题进行更多的科学联系。

我们之所以翻译这本书，是因为在中国每年也有很多孩子被诊断出患有注意力缺失症和其他的学习障碍，家长们也是忧心忡忡、束手无策。我们希望这本书能够给中国的父母们和孩子们带来希望，也给那些在孩提时代没有机会得到智力开发训练的成人们带来希望。

本书的翻译由两位译者完成，曾筱岚负责第1章至第7章，周鹰负责第8章至第13章。由于时间仓促及水平有限，书中的翻译难免有不当之处，敬请读者能够提出宝贵意见。

拯救孤立无援、六神无主、惊慌失措、疲惫不堪的年轻父母
外婆妈妈李元宁教授献给年轻父母的育儿圣经

〔韩〕李元宁 著
冼贤京 绘
蔡福淑 译
重庆出版社
定价：26.80元

贴心又实用的育儿处方

作者为父母普遍关心与担忧的问题提供了科学而有效的解决办法。如：

◆ 怎样哄孩子停止哭闹
◆ 如何断奶更有利于宝宝
◆ 怎样对待不爱吃饭的孩子
◆ 如何让孩子学会自理大小便
◆ 为什么要多抚摸孩子
◆ 怎样惩罚孩子最有效
◆ 幼儿时期的英语教育是必需的吗
◆ 孩子固执怎么办
◆ 如何选择适合孩子的幼儿园
◆ 怎样越玩越聪明
◆ 如何培养孩子阅读的兴趣
◆ 孩子沉迷于电视怎么办
◆ 如何科学地进行性启蒙教育

作者简介：
李元宁教授国际著名的婴幼儿教育权威和保育专家
45年专攻幼儿教育理论
31年幼儿教育实践经验
世界学前教育组织韩国委员长
环太平洋地区幼儿教育研究学会理事长
韩国幼儿教育代表团首任团长
韩国教师团体总联合会幼儿教育特别委员长。

育儿网资深育儿顾问
东南大学学习科学研究中心周建中博士强力推荐

只要妈妈1%的改变，孩子的成绩将会突飞猛进
《好孩子的成长99%靠妈妈》的姊妹篇

韩国"家教第一书"

当我们的妈妈们仍在为孩子的成绩斤斤计较，为没有获得第一名而责备孩子时，韩国"第一妈妈"张炳惠博士却说，在孩子的成长过程中，成绩或名次并不代表一切。

张炳惠博士说，能够带领孩子迈向成功彼岸的，是九种从日常生活中培养出来的基本能力。一旦拥有这九大基本能力，孩子的学业成绩没问题，人际关系没问题，情绪管理没问题，自我管理没问题……在十年二十年之后，到了社会上，更能成为孩子迈向成功的绝佳武器。

〔韩〕张炳惠 著
宁莉 译
重庆出版社
定价：22.00元

而这九大能力的培养，关键就在妈妈身上。因此，张炳惠博士进一步提醒为人父母者，应暂时将焦点从孩子的成绩或名次上回归到自己本身，好好思考身为父母的自己能为孩子做些什么。

另外，张炳惠博士还归纳出父母在培养孩子的过程中所应具备的七种智慧，就妈妈们最头疼也是最重要的三十种常见问题进行解答。妈妈们在转变观念的同时，又能找到实际可行的方法。

"韩国第一妈妈"
将三个华裔继子送进哈佛、耶鲁的亲身体验

全球销量超过1 000万册

美国前总统克林顿、《福布斯》鼎力推荐

丰富而经典的谈判大师手记
真实而有影响力的案例剖析

王牌谈判大师罗杰·道森通过独创的优势谈判技巧，教会你如何在谈判桌前取胜，更教会你如何在谈判结束后让对手感觉到是他赢得了这场谈判，而不是他吃亏了。

无论你的谈判对手是房地产经纪人、汽车销售商、保险经验人，还是家人、朋友、生意伙伴、上司，你都能通过优势谈判技巧成功地赢得谈判，并且赢得他们的好感。

你手上的这本书是由国际首席商业谈判大师罗杰·道森集30年的成功谈判经验著述而成，书中有详细的指导、生动而真实的案例、权威的大师手记和实用的建议，为你提供走上富足人生的优势指南。

〔美〕罗杰·道森 著
刘祥亚 译
重庆出版社
定价：38.00元

《优势谈判》被列入普林斯顿、耶鲁等名校指定阅读书目。

全世界赚钱速度最快的就是谈判

和罗杰·道森一起学谈判就是快速赚钱的开始

国际上最权威的商业谈判课程

连续数周雄踞《纽约时报》畅销书排行榜榜首

全球仅有的28名获颁CSP&CPAE认证的专业人员之一

揭秘美国 FBI 培训间谍的识谎技巧

你只须

寻找"欺骗的线索"
发出"谎言追缉令"
拿起"心灵测谎器"
轻松玩转"心理游戏"
心中默念"防骗十诫"
学会逃离"自欺的陷阱"
同时认清"行家的骗局"
你就能做到"永远不上当"
最终"让真相说话"！

〔美〕大卫·李柏曼　著
项慧龄　译
重庆出版社出版
定价：26.80元

如果无法阻止别人说谎
　　那就学会永远不上当

破谎宝典　还你天下无谎的世界

这是一个充满谎言的世界。你要做的就是在 5 分钟内识破一切谎言！

在这本破谎宝典中，著名心理学家大卫·李柏曼教给你简单快速的破谎技巧，使你能从日常闲聊到深度访谈等各种情境中，轻松地发现真相。

书中援引了几乎所有情境下的破谎实例，教你如何通过肢体语言、语言陈述、情绪状态和心理征兆等微妙的线索，嗅出谎言的气息，避开欺骗的陷阱，还自己一个"天下无谎"的世界！

大卫·李柏曼：专家中的专家

他在美国 200 多个节目中曝光并且频繁做客美国国家公共广播电台（NPR）、美国公共广播电台（PBS）、今日秀（The Today Show）和福克斯新闻（Fox News）等，受到全世界各大主流媒体的追捧，被誉为人类行为学领域"专家中的专家"。

他的主要著作包括：*Get Anyone to Do Anything, Instant Analysis, Make Peace With Anyone, How to Change Anybody*，其中部分作品被翻译成 11 种文字。

短信查询正版图书及中奖办法

A. 手机短信查询方法（移动收费0.2元/次，联通收费0.3元/次）
1. 手机界面，编辑短信息；
2. 揭开防伪标签，露出标签下20位密码，输入标识物上的20位密码，确认发送；
3. 输入防伪短信息接入号（或：发送至）958879(8)08，得到版权信息。

B. 互联网查询方法
1. 揭开防伪标签，露出标签下20位密码；
2. 登陆www.Nb315.com；
3. 进入"查询服务""双码防伪标防伪查询"；
4. 输入20位密码，得到版权信息。

中奖者请将20位密码以及中奖人姓名、身份证号码、电话、收件人地址、邮编，E-mail至：my007@126.com，或传真至0755-25970309

一等奖：168.00人民币现金。
二等奖：图书一册。
三等奖：本公司图书6折优惠邮购资格。

再次谢谢您惠顾本公司产品。本活动解释权归本公司所有。

读者服务信箱

感谢的话

谢谢您购买本书！顺便提醒您如何使用ihappy书系：
- 全书先看一遍，对全书的内容留下概念。
- 再看第二遍，用寻宝的方式，选择您关心的章节仔细地阅读，将"法宝"谨记于心。
- 将书中的方法与您现有的工作、生活作比较，再融合您的经验，理出您最适用的方法。
- 新方法的导入使用要有决心，事前做好计划及准备。
- 经常查阅本书，并与您的生活工作相结合，自然有机会成为一个"成功者"。

优惠订购

订阅人		部门		单位名称	
地址					
电话				传真	
电子邮箱		公司网址		邮编	

订购书目：

付款方式：
- 邮局汇款：中资海派商务管理（深圳）有限公司 中国深圳银湖路中国脑库A栋四楼　邮编：518029
- 银行电汇或转账：户　名：中资海派商务管理（深圳）有限公司　开户行：招行深圳市银湖支行　账　号：5781 4257 1000 1
- 交行太平洋卡户名：桂林　卡号：6014 2836 3110 4770 8

附注：
1. 请将订阅单连同汇款单影印件传真或邮寄，以凭办理。
2. 订阅单请用正楷填写清楚，以便以最快方式送达。
3. 咨询热线：0755-25970306转158、168　　传　真：0755-25970309
   E-mail: my007@126.com

→利用本订购单订购一律享受9折特价优惠。
→团购30本以上8.5折优惠。